全国职业院校技能大赛中职组赛项备赛指导

中等职业教育技能实训教材

建筑设备安装与调控（给排水）实训（含赛题剖析）

中国建设教育协会　组织编写

谢　兵　主　编

边喜龙　主　审

中国建筑工业出版社

图书在版编目（CIP）数据

建筑设备安装与调控（给排水）实训：含赛题剖析 /
中国建设教育协会组织编写；谢兵主编 .—北京：中
国建筑工业出版社，2020.11（2024.8 重印）
全国职业院校技能大赛中职组赛项备赛指导 中等职
业教育技能实训教材
ISBN 978-7-112-25498-9

Ⅰ.①建… Ⅱ.①中… ②谢… Ⅲ.①房屋建筑设备
-给排水系统-建筑安装-中等专业学校-教材 Ⅳ.
①TU82

中国版本图书馆 CIP 数据核字（2020）第 184690 号

本教材紧密围绕竞赛内容，介绍生活给水、消防给水、生活热水和生活排水等系统安装与调
控的知识及技能，解读竞赛规程，分析考核内容与评分要点，为参赛者和学习者提供全面、翔实
的备赛指导。

本教材以大赛平台"THPWSD-1A 型给排水设备安装与调控实训装置"为载体，按照项目教
学法的理念编写而成。设置了建筑设备安装与调控（给排水）大赛设备介绍，生活给水系统的安
装，建筑消防给水系统的安装，生活热水系统的安装，生活排水系统的安装，建筑电气安装，自
动控制系统的设计与调试，组态监控系统的设计与调试，建筑设备安装与调控（给排水）赛项解
析等九个项目。各项目以"任务引领、工作过程导向"，介绍国家和企业最新工艺技术和标准新
规范，给出各任务的设计、安装及评价要求，使参赛者和学习者在完成工作任务的过程中，学会建
筑设备安装与调控，提高综合职业能力。本教材还是一本"互联网＋"教材，配套大量数字资源。

本教材可作为全国职业院校技能大赛中职组建筑设备安装与调控（给排水）赛项备赛指导
书，也可作为中等职业教育技能实训教材，或建筑设备安装、楼宇智能化设备与运行等专业技术
人员的参考书。

教材服务群
QQ：796494830

国赛交流群
QQ：627404904

责任编辑：司 汉 李 阳
责任校对：刘梦然

全国职业院校技能大赛中职组赛项备赛指导
中等职业教育技能实训教材
建筑设备安装与调控（给排水）实训（含赛题剖析）
中国建设教育协会 组织编写
谢 兵 主 编
边喜龙 主 审

*

中国建筑工业出版社出版、发行（北京海淀三里河路 9 号）
各地新华书店、建筑书店经销
北京鸿文瀚海文化传媒有限公司制版
建工社（河北）印刷有限公司印刷

*

开本：787 毫米×1092 毫米 1/16 印张：15¼ 字数：379 千字
2020 年 11 月第一版 2024 年 8 月第三次印刷
定价：**46.00** 元（赠教师课件）
ISBN 978-7-112-25498-9
（36090）

全国职业院校技能大赛中职组赛项备赛指导编审委员会名单

主　任：胡晓光

副主任（按姓氏笔画为序）：

王长民　　石兆胜　　肖振东　　辛凤杰　　张荣胜

柏小海　　黄华圣

项目负责人：丁　乐

委　员（按姓氏笔画为序）：

王炎城　　边喜龙　　李　洋　　李　垚　　李姝懋

邹　越　　张　雷　　陆惠民　　姚建平　　袁建刚

唐根林　　黄　河　　董　娟　　谢　兵　　谭翠萍

序

《国家职业教育改革实施方案》（国发〔2019〕4号）中提出"职业教育与普通教育是两种不同教育类型，具有同等重要地位。"全国职业院校技能大赛作为引领我国职业院校教育教学改革的风向标，社会影响力越来越强，自2007年以来，教育部联合有关部门连续成功举办十余届全国职业院校技能大赛，大赛作为职业教育教学活动的有效延伸，发挥了示范引领作用，成为提高劳动者职业技能、职业素质和就业创业能力的重要抓手，并有力促进了产教融合、校企合作，引领专业建设和教学改革，推动人才培养和产业发展紧密结合，大大增强了职业教育的影响力和吸引力。

当前，我国经济正处于转型升级的关键时间，党的十九大提出"建设知识型、技能型、创新型劳动者大军，弘扬劳模精神和工匠精神，营造劳动光荣的社会风尚和精益求精的敬业风气"，激励广大院校师生和企业职工走技能成才、技能报国之路，加快培养大批高素质劳动者和高技能人才。全国职业院校技能大赛可以更好地引领职业院校进行改革和探索。首先，落实"以赛促学，以赛促教"，推动职业院校课程建设，以赛项为基础设立相关课程，结合职业标准，将大赛训练法融入教学，提升理论和实际操作能力。其次，坚持"学生至上，育人为本"，通过赛项成果的转化，让更多学生了解并参与到大赛中，充分体现普惠性和共享性，使学生均等受益。最后，加强"工学结合，校企合作"，职业院校通过大赛对接企业需求、展望行业发展，以产业需求为导向，进而对教学方式和课程内容作进一步调整。

近年来，全国职业院校技能大赛的赛项类别和数量不断调整、完善，赛项紧密对接了"世界技能大赛""中国制造2025""一带一路""互联网＋"等新发展、新趋势和国家战略，这充分反映了大赛的引领作用。为了更好地满足企业的发展需求，适应院校的教学需要，将大赛的项目纳入课程体系和教学计划中，中国建设教育协会组织赛项专家组、裁判组、获奖团队指导教师、竞赛设备企业技术人员共同编写了"全国职业院校技能大赛中职组赛项备赛指导 中等职业教育技能实训教材"，包括"工程测量""建筑设备安装与调控（给排水）""建筑CAD""建筑智能化系统安装与调试""建筑装饰技能"五个赛项，丛书将会根据赛项不断补充和完善。

本套备赛指导实训教材结合往届职业技能大赛的特点和内容编写，将大赛的成果转化为教学资源，不仅可以指导备赛，而且紧贴学生的专业培养方案，以项目—任务式的形式编写，理论和实操相结合，在"做中学"的过程中掌握关键技能。丛书充分考虑了国家、企业最新工艺技术、标准新规范等，可满足职业院校实训课程的教学需要。同时，本丛书还是一套"互联网＋"教材，配套大量数字资源。

衷心希望本丛书帮助广大职业院校师生更好理解技能大赛所反映的行业需求和发展，不断提升教学质量，为促进建设行业发展培养更多优秀的技能人才！

2020 年 7 月

前　言

　　本书是全国职业院校技能大赛中职组建筑设备安装与调控（给排水）赛项备赛指导、中等职业教育技能实训教材，根据技能大赛的比赛内容及相关知识点，按照项目教学法编写而成。内容包括生活给水、消防给水、生活热水、生活排水的安装，电工基本操作技能、电气安装、自动控制和组态监控等。

　　本书突出能力本位，注重操作技能的培养。可供相关职业院校作为技能大赛备赛指导书，给水排水工程、建筑设备安装等专业的综合实训教学用书，也可作为管工、电工岗位培训用书。

　　通过技能大赛的引领及综合课程改革，可以培养学生设备安装、电气安装、自动控制知识与技能，推动职业院校给水排水工程相关专业的建设和实训教学改革，促进工学结合人才培养模式的改革与创新。

　　本书由全国职业院校技能大赛中职组建筑设备安装与调控（给排水）赛项专家、南京高等职业技术学校谢兵担任主编，并负责全书的修改和统稿。上海市城市科技学校刘恒娟、福建建筑学校林玉章、中国建设教育协会丁乐担任副主编，南京高等职业技术学校周刘喜和胥復根、江苏省溧阳中等专业学校毕永光、嘉兴市建筑工业学校唐一村和张黎强、青岛市城阳区职业中等专业学校刘玉德、山西省建筑工程技术学校秦嘉、广西理工职业技术学校吴亮、烟台城乡建设学校薛萌、浙江天煌科技实业有限公司杨晓利参与编写。本书由黑龙江建筑职业技术学院边喜龙教授主审。具体分工如下：

项目内容	参编人员
项目 1　建筑设备安装与调控(给排水)大赛设备介绍	谢兵、秦嘉
项目 2　生活给水系统的安装	谢兵、林玉章、薛萌
项目 3　建筑消防给水系统的安装	谢兵、林玉章、胥復根
项目 4　生活热水系统的安装	刘玉德、谢兵、吴亮
项目 5　生活排水系统的安装	谢兵、毕永光
项目 6　建筑电气安装	刘恒娟、谢兵
项目 7　自动控制系统的设计与调试	唐一村、张黎强、谢兵
项目 8　组态监控系统的设计与调试	周刘喜、杨晓利
项目 9　建筑设备安装与调控(给排水)赛项解析	谢兵、杨晓利

　　华东建筑集团建筑装饰环境设计研究院谢予宸为本书提供了大量图片并承担了修图工作，南京高等职业技术学校吴忠编写了 PLC 程序，吴忠、唐一村、刘玉德、谢兵等制作了视频微课及教学课件。

　　本书编写过程中得到了全国职业院校技能大赛中职组建筑设备安装与调控（给排水）赛项专家组长黑龙江建筑职业技术学院边喜龙教授、裁判组长内蒙古建筑职业技术学院谭翠萍教授的大力支持，在此一并表示感谢！

　　由于编者水平有限，本书难免存在一些不足和错误，恳请广大读者批评指正。

目 录

目录

Chapter 01

项目1

建筑设备安装与调控（给排水）大赛设备介绍

教学目标

1. 知识目标

（1）熟悉"THPWSD-1A 型给排水设备安装与调控实训装置"，了解可开设的实训项目；

（2）掌握建筑给水排水、电工电子技术基础知识；

（3）熟悉常用国家标准和图集。

2. 能力目标

（1）能根据触电现场选择使触电者尽快脱离电源的措施并进行施救；

（2）会选择合适的灭火器材扑灭电气设备或电气线路火灾。

思维导图

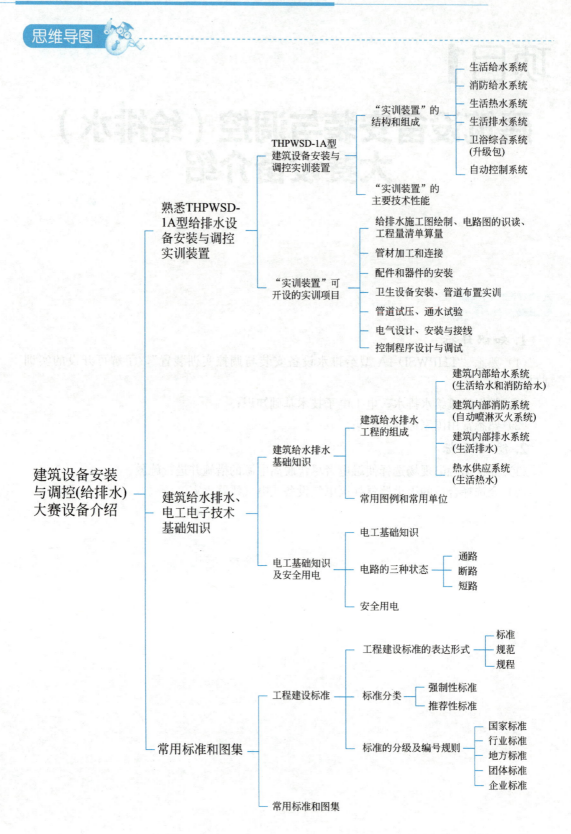

建筑设备安装与调控(给排水)大赛设备介绍

熟悉THPWSD-1A型给排水设备安装与调控实训装置

- THPWSD-1A型建筑设备安装与调控实训装置
  - "实训装置"的结构和组成
    - 生活给水系统
    - 消防给水系统
    - 生活热水系统
    - 生活排水系统
    - 卫浴综合系统（升级包)
    - 自动控制系统
  - "实训装置"的主要技术性能
  - "实训装置"可开设的实训项目
    - 给排水施工图绘制、电路图的识读、工程量清单算量
    - 管材加工和连接
    - 配件和器件的安装
    - 卫生设备安装、管道布置实训
    - 管道试压、通水试验
    - 电气设计、安装与接线
    - 控制程序设计与调试

建筑给水排水、电工电子技术基础知识

- 建筑给水排水基础知识
  - 建筑给水排水工程的组成
    - 建筑内部给水系统（生活给水和消防给水)
    - 建筑内部消防系统（自动喷淋灭火系统)
    - 建筑内部排水系统（生活排水)
    - 热水供应系统（生活热水)
  - 常用图例和常用单位
- 电工基础知识及安全用电
  - 电工基础知识
  - 电路的三种状态
    - 通路
    - 断路
    - 短路
  - 安全用电

常用标准和图集

- 工程建设标准
  - 工程建设标准的表达形式
    - 标准
    - 规范
    - 规程
  - 标准分类
    - 强制性标准
    - 推荐性标准
  - 标准的分级及编号规则
    - 国家标准
    - 行业标准
    - 地方标准
    - 团体标准
    - 企业标准
- 常用标准和图集

随着社会经济的发展，新材料、新设备、新技术、新工艺在建筑给水排水工程中大量涌现，尤其是对建筑给水排水、消防工程的设计、施工、材料及管理方面都提出了新的技术要求。为满足人们日益增长的物质文化需要，就必须加大给水排水工程技术相关专业的建设，并以先进的给水排水技术作支撑、以现代的给水排水设备做后盾，提高给水排水系统施工质量。

　　"建筑设备安装与调控（给排水）"赛项技术标准来自于企业，它不仅与实际企业生产中的生活给水系统、消防给水系统、生活热水系统、生活排水系统、卫浴系统非常接近，并且加入自动控制系统，真正实现自动控制下的高效、节能和环保。竞赛考核参赛选手对给水排水系统设计、管材切割与连接、管道安装与试压、设备安装、电气安装、设备接线、编程控制、故障排查等方面的能力，同时考核参赛选手的统筹计划能力、工作效率、质量意识、成本及安全意识、团队合作和职业素养等。

　　竞赛是加强技能人才培养选拔、促进优秀技能人才脱颖而出的重要途径，是弘扬工匠精神、培育大国工匠的重要手段。竞赛还能引领全国中等职业教育建筑设备安装、楼宇智能化设备与运行等相关专业的建设，推动专业综合实训教学改革的发展方向，促进工学结合人才培养模式的改革与创新，增强中职学生的就业能力，满足岗位需求，有利于解决生活和生产中各种给水排水设备的安装、调试、运行维护、维修、技术改造等需求。

　　竞赛平台设计来源行业企业真实应用案例转换，采用是的浙江天煌科技实业有限公司研制的"THPWSD-1A型给排水设备安装与调控实训装置"。竞赛平台经过五届中职组"建筑设备安装与调控（给排水）"技能竞赛的检验，技术成熟稳定，既满足给水排水未来发展的趋势需要，同时也能直接应用于各参赛院校后续的日常教学要求，将比赛设备用于日常教学过程，切实提高比赛设备的利用率，培养更多的学生。

任务 1.1　熟悉 THPWSD-1A 型给排水设备安装与调控实训装置

　　"THPWSD-1A型给排水设备安装与调控实训装置"是专门为职业院校开设的建筑设备安装、楼宇智能化设备与运行、给排水工程施工与运行、市政工程施工等土木水利类相关专业而研制的，装置根据建筑行业中住宅和工业场所给水排水工程系统的特点采用工程对象系统设计实训模型，通过该装置的操作训练可考核学生掌握给水排水设备安装与控制的综合能力，如管材切割与连接、管道安装、设备安装、电气安装、设备接线、编程控制、故障排查等；同时，可培养学生的团队合作能力、工作效率、质量意识、安全意识、职业道德和职业素养等。

1.1.1 THPWSD-1A 型给排水设备安装与调控实训装置

1."实训装置"的结构和组成

1.1
"实训装置"
的结构、组
成及可开设
的实训项目

"THPWSD-1A 型给排水设备安装与调控实训装置"由主平台和升级包两部分组成，均采用不锈钢框架结构，给水排水器件安装在钢架底座上，具备开放式的特点。"实训装置"分为生活给水系统、消防给水系统、生活热水系统、生活排水系统、卫浴综合系统（升级包）和自动控制系统等六大系统。如图 1-1 所示。

图 1-1 THPWSD-1A 型给排水设备安装与调控实训装置

（1）生活给水系统的主要设备

生活给水系统由给水箱、给水泵、给水管道、压力变送器、脉冲远传水表、水龙头和淋浴龙头等组成。

生活给水系统管路采用不锈钢复合管进行设计，可进行不锈钢复合管的切割、安装和管道试压操作，通过自动控制系统可实现生活给水系统的变频恒压供水、单泵变频控制或双泵切换控制等功能；通过脉冲远传水表可以完成用水量的计量。如图 1-2 所示。

图 1-2 超薄壁不锈钢塑料复合管及管件

1—超薄壁不锈钢塑料复合管；2—弯头；3—三通；4—内牙直通接头；5—外牙直通接头

（2）消防给水系统的主要设备

消防给水系统由给水箱、喷淋泵、稳压罐、湿式报警阀、压力开关、水流指示器、消防给水管道、闭式喷淋头等组成。

消防给水系统管路采用镀锌钢管进行设计，可进行镀锌钢管的切割、套丝、安装和管道试压操作，通过自动控制系统可实现喷淋灭火功能。如图1-3所示。

图1-3　镀锌钢管及管件

1—镀锌钢管；2—弯头；3—异径接头；4—三通；5—活接头；6—橡胶软接头

（3）生活热水系统的主要设备

生活热水系统由电加热锅炉（自带温控系统）、热水给水管道、水龙头和淋浴龙头等组成。

生活热水系统管路采用PP-R管进行设计，可进行PP-R管的切割、熔接、安装和管道试压操作，通过自动控制系统可对锅炉进行温度调节控制操作。如图1-4所示。

图1-4　PP-R管及管件

1—PP-R管；2—弯头；3—三通；4—内牙三通；5—管帽；6—外牙直通

（4）生活排水系统的主要设备

生活排水系统由污水箱、液位传感器、排水泵（污水泵）、排水管道和水处理单元等组成。

生活排水系统管路主要采用PVC-U管进行设计，可进行PVC-U管的切割、粘结、安装和通水试验操作，结合控制系统可实现污水箱的水位检测和排水泵的启停控制等功能。如图1-5所示。

图1-5　PVC-U管及管件

1—PVC-U管；2—存水弯；3—通气帽；4—异径三通；5—等径三通；6—立管检查口

图1-6　常见卫生设备

（5）卫浴综合系统的主要设备

卫浴综合系统主要由落地式双面结构方钢框架及卫生设备、给水排水管道、管件组成。常见卫生设备如图1-6所示。

卫浴综合系统正面适于进行建筑给水排水管道安装和卫生设备安装，反面适于进行建筑给水排水管道的布置与敷设。

（6）自动控制系统的主要设备

给水排水自动控制系统由电气控制柜、触摸屏、操作开关、工作状态指示灯、PLC控制器、变频器、低压电气、水泵、水表、传感器（浮球液位计、压力开关、水流指示器、信号蝶阀、压力变送器）、组态监控软件等组成。如图1-7所示。

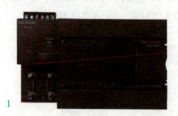

1　　　　　　　　　　2　　　　　　　　3　　　　　　　　4

图1-7　主要自动控制系统元器件

1—PLC控制器；2—水流指示器；3—压力变送器；4—浮球液位计

通过自动控制系统可实现给水排水系统的自动化控制功能。

2."实训装置"的主要技术性能

① 工作电源：三相四线制 AC380V±10％，50Hz。

② 给水排水模型外形尺寸：2.25m×0.80m×1.90m（长×宽×高）。

③ 电气控制柜外形尺寸：0.80m×0.60m×1.80m（长×宽×高）。

④ 卫浴综合系统外形尺寸：1.20m×0.45m×2.00m（长×宽×高）。

⑤ 给水排水模型材料：不锈钢。

⑥ 整机功耗：＜4.5kVA。

⑦ 装置底部安装有带刹车脚轮，方便装置的移动和固定。

⑧ 安全保护措施：具有接地保护、漏电过载保护、误操作保护功能；安全性符合相关的国家标准，所有材质均符合环保标准。

1.1.2　"实训装置"可开设的实训项目

"THPWSD-1A型给排水设备安装与调控实训装置"可用于建筑设备安装、楼宇智能化设备安装与运行、给排水工程施工与运行、市政工程施工等相关专业的实训教学，是针对建筑给水排水工程、给水排水管道施工技术、给水排水安装工程计价、建筑电气、自动控制等核心课程的综合型实训装置，对学生技能学习及在岗专业技术人员培训都非常重要。

"实训装置"可开设的实训项目有：

① 给水排水施工图绘制和电路图的识读及工程量清单算量。

② 管材加工和连接。包括镀锌钢管、超薄壁不锈钢塑料复合管、PP-R 管、PVC-U 管的切割、套丝、丝扣连接、热熔焊接、承插连接、粘结等。

③ 配件和器件的安装。包括完成生活给水系统、消防给水系统、热水给水系统和排水系统中管路配件的安装；完成水泵、压力变送器、水表、浮球液位计、信号蝶阀、湿式报警阀组、水流指示器、闭式喷头、末端试水装置、水龙头、淋浴器等附件的安装。

④ 卫生设备安装及管道布置实训。包括小便斗、地漏、淋浴器等卫生设备的安装；冷热水管道、排水管道的安装；管道布置及安装考核。

⑤ 管道试压与通水试验。

⑥ 电气设计、安装与接线。包括水泵、配电柜、控制器、指令元件、操作元件的安装、接线。

⑦ 控制程序设计与调试。包括变频控制程序设计与调试、抄表计费程序设计、喷淋灭火控制程序设计、给水排水监控程序设计、组态监控系统设计、故障排查等。

任务 1.2　建筑给水排水、电工电子技术基础知识

"THPWSD-1A 型给排水设备安装与调控实训装置"是一台模拟建筑设备安装与调控的教学装置，融合了 CAD、工程清单算量、建筑给水排水、电工电子和电气控制等技术。学生可以在一个非常接近于企业生产实际的生活给水系统、消防给水系统、生活热水系统、生活排水系统、卫浴综合系统、自动控制系统等的教学情境中，掌握建筑设备安装与调试的操作技能。

1.2.1　建筑给水排水基础知识

1. 建筑给水排水工程的组成

建筑给水工程的任务是把市政供水管网提供的水量、水压和水质都符合要求的水，引入建筑内部，分配给各个用水点，供人们生活、生产及消防用水；建筑排水工程则是把人们在生活和生产过程中产生的污、废水以及雨水等，采用合适的排放方式，排出建筑物或采用合适的处理方式，再生、回收利用。

建筑给水排水工程是给水排水工程的一个重要组成部分，也是建筑安装工程的一个分支。本教材基于"THPWSD-1A 型给排水设备安装与调控实训装置"介绍建筑内部给水系统（生活给水和消防给水）、建筑内部消防系统（自动喷淋灭火系统）、建筑内部排水系统（生活排水）以及热水系统（生活热水）等。

（1）建筑内部给水系统

建筑内部给水系统是将城镇给水管网或自备水源给水管网的水经配水管引入室内，送至生活、生产和消防用水设备，并满足用水点对水量、水压和水质要求的冷水供应系统。

建筑内部给水系统包括生活给水系统、生产给水系统和消防给水系统。

（2）建筑内部消防系统

建筑消防设施主要分为两大类：一类为灭火系统，另一类为安全疏散系统。它是保证建筑物消防安全和人员疏散安全的重要设施，是现代建筑的重要组成部分。

建筑内部消防系统主要是指室内消火栓系统和自动喷淋灭火系统。

（3）建筑内部排水系统

建筑内部排水系统的主要任务是接纳、汇集建筑物内各种卫生器具和用水设备排放的污、废水，以及屋面的雨、雪水，并在满足排放的条件下，排入室外排水管网。

建筑内部排水系统包括生活排水系统、工业废水排水系统、屋面雨水排水系统。

（4）热水供应系统

热水供应属于给水范畴，与冷水供应的区别是必须满足用水点对水温和水量的要求。因此建筑热水系统除了水的系统（管道、用水器具等），还要有"热"的供应（热源、加热系统等）。

2. 常用图例和常用单位

（1）建筑给水排水施工图常用图例

建筑给水排水施工图通常是指室内给水排水施工图，按国家标准《建筑给水排水制图标准》GB/T 50106—2010绘制而成，包括给水平面图、排水平面图、系统图、详图和设计说明等。对于不太复杂的给水排水系统，可以把给水平面图、排水平面图合在一张平面图中，称为给水排水平面图。给水排水平面图和系统图分别如图1-8、图1-9所示，建筑给水排水施工图常用图例见表1-1。

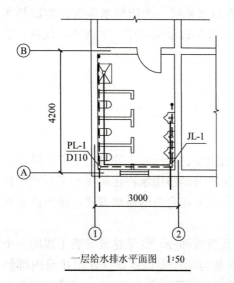
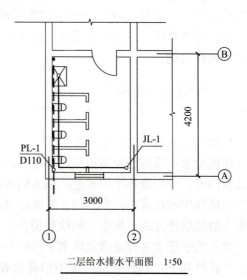

一层给水排水平面图　1:50　　　　二层给水排水平面图　1:50

图1-8　某建筑给水排水平面图

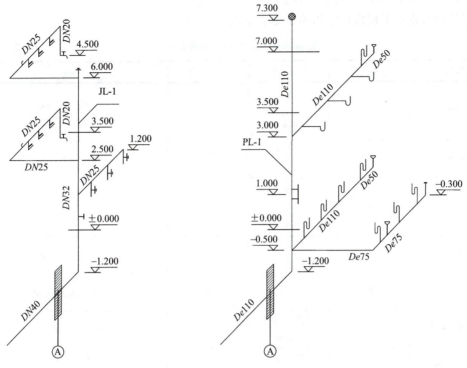

图 1-9　某建筑给水排水系统图

建筑给水排水施工图常用图例　　　　　　　　　　　表 1-1

符号	名称	符号	名称
———	给水管	- - - - -	排水管
∿∿∿∿	保温管	—✳——✳—	管道固定支架
⊘	地漏	H	立管检查口
	存水弯	↑	通气帽
—◦—	可曲挠橡胶接头	—Ⓛ—	水流指示器
—▷◁—	闸阀	—▷◁—　—●—	截止阀
—⊘—	水表		压力表
	壁挂式小便器		立式洗脸盆
—▷—	止回阀	—▱—	蝶阀
—○—　▽	（闭式）自动喷洒头	▭⊠◯	水泵

（2）建筑给水排水工程设计常用单位

建筑给水排水工程设计常用单位见表1-2。

建筑给水排水工程设计常用单位　　　　　　　　表 1-2

量的名称	量的符号	单位名称	单位符号	关系
长度	L	米 厘米 毫米	m cm mm	1m＝100cm 1cm＝10mm
容积、体积	V	立方米 升	m^3 L	$1m^3$＝1000L
时间	t	秒 分 时	s min h	1h＝60min 1min＝60s
质量	m	千克 克	kg g	1kg＝1000g
力	F	牛[顿]	N	$1N＝1kg \cdot m/s^2$
[体积]流量	Q	立方米每秒 升每秒	m^3/s L/s	$1m^3/s＝1000L/s$
压力（压强）	P	帕[斯卡] 兆帕	Pa MPa	$1Pa＝1 N/m^2$ $1MPa＝10^6Pa$
热力学温度	T	开[尔文]	K	$0℃＝273K$
摄氏温度	t	摄氏度	℃	由℃换算成K：$T＝t＋273K$
能、功、热量	W	焦[耳]	J	$1J＝1N \cdot m$
功率	N	瓦 千瓦	W kW	1kW＝1000W
电流	I	安[倍]	A	
电压	V	伏[特]	V	
电阻	R	欧[姆]	Ω	
频率	f	赫兹	Hz	

1.2.2　电工基础知识及安全用电

1. 电工基础知识

（1）电路

电流通过的路径称为电路，如图1-10所示，这是一个最简单的电路。电路由电源、导线、开关和负载（电动机）四大部分组成。用导线从电源 E 的正极依次连接开关 SA 的上端子、下端子，电动机 M 的上端子，再从电动机 M 下端子接到电源 E 负极。当开关闭合，电池给电动机供电，电动机转动；当开关断开，电流不能形成回路，电动机停止转动。图中箭头所示为电流流动的方向。

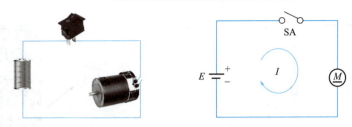

图 1-10　简单电路

（2）电流

电流的形成：导体中的自由电子在电场力的作用下作有规则的定向运动就形成电流。电流用"I"表示。

电流的方向：规定正电荷移动的方向为电流的方向。

电流强度：单位时间内通过导体截面电荷量的多少称为电流强度。电流强度的单位是安倍，用字母"A"表示。

电流测量：将电流表串联在被测电路里进行测量，如图 1-11 所示。

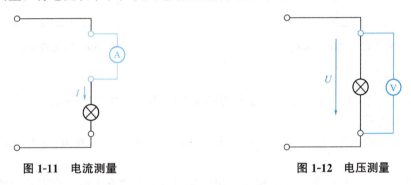

图 1-11　电流测量　　　　　　　　　**图 1-12　电压测量**

（3）电压

电压的形成：物体带电后具有一定的电位，在电路中任意两点之间的电位差，称为该两点的电压。电压用"U"表示。

电压的方向：高电位指向低电位。

电压单位：伏特，用"V"表示。

电压测量：将电压表并联在被测电路里进行测量，如图 1-12 所示。

（4）电阻

导线对通过它的电流有阻碍作用称为导体的电阻。电阻用"R"来表示。

电阻单位：欧姆，用"Ω"表示。

部分电路欧姆定律，如图 1-13 所示。

电阻测量：用万用表的欧姆挡对电阻进行测量，如图 1-14 所示。

1）电阻的串联

电阻的串联：两个或两个以上的电阻首尾依次用导线相连接，如图 1-15 所示。

1.2
电阻的
串并联

2）电阻的并联

电阻的并联：两个或两个以上的电阻首尾两端分别连接在一起，如图 1-16 所示。

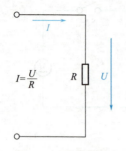

图 1-13　欧姆定律

图 1-14　万用表测电阻

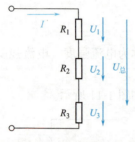

图 1-15　电阻的串联

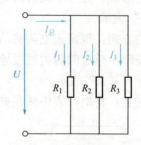

图 1-16　电阻的并联

（5）交流电

交流电（简称 AC）是指电流大小和方向随时间作周期性变化的电流，在一个周期内的电流平均值为零。

生活中使用的市电就是具有正弦波形的交流电。其频率一般为 50Hz，其电压一般为 220V。

三相电是三组幅值相等、频率相等、相位互相差 120°的交流电，由有三个绕组的三相发电机产生，是工业上常用的电源。我国低压配电系统中，大都采用三相四线制，线电压为 380V，相电压为 220V，标为"380/220V"。

（6）变压器

变压器是应用法拉第电磁感应定律升高或降低电压的装置。变压器通常包含两组或以上的线圈。主要用途是升降交流电的电压、改变阻抗及分隔电路。电路符号常用"T"当作编号的开头。例：T01、T201 等。

变压器线圈匝数与电压的关系为：$U_1/U_2 = N_1/N_2$。如图 1-17 所示。

（7）电路图和电气接线图

电路图是指用电路元件符号表示电路连接的图。分析电路时，通过识别图纸上所画的各种电路元件符号以及它们之间的连接方式，就可以了解电路实际工作时的原理。

电气接线图是根据电气设备和电器元件的实际位置和安装情况绘制的，只用来表示电气设备和电器元件的位置、配线方式和接线方式，而不明显表示电气

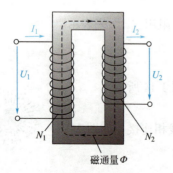

图 1-17　变压器线圈匝数与电压的关系

动作原理。主要用于安装接线、线路的检查维修和故障处理的指导。

2. 电路的三种状态

（1）通路

通路就是电路中开关闭合，电路中有电流通过。

按负载的大小，又分为满载、轻载、过载三种情况。负载在额定功率下的工作状态叫做额定工作状态或满载。低于额定功率下的工作状态叫轻载。高于额定功率下的工作状态叫过载或超载。

由于过载很容易烧坏电器，一般情况都不允许出现过载。

（2）断路

断路就是电源两端或电路某处断开，电路中没有电流通过。

电源不向负载输送电能的一种状态，对电源来说是空载。

（3）短路

短路是指电路或电路中的一部分被短接。如负载与电源两端被导线连接在一起，就称为短路。

短路状态的主要特点是：短路电流很大，电源端电压为零。

因短路电流很大，有可能烧毁电源及电器，所以必须防止短路现象的发生。

3. 安全用电

（1）电流对人体的伤害

1）电击（触电）：是指电源通过人体内部，影响到心脏、肺部和神经系统的正常功能。

1.3 安全用电

2）电伤（烧伤）：是指通过人体的电流导致人体皮肤、肌肉或身体内部的器官烧伤。

3）火警与爆炸：电流在不正常或有故障的情况下产生高温，足以点燃附近的物件，导致有火警及爆炸意外。

（2）触电的形式

在低压电力系统中，人体触电方式有单相触电和两相触电。

1）单相触电

当人站在地面上，触及电源的一根相线或漏电设备的外壳而触电，称为单相触电。

单相触电又可分为：

① 电源中性线接地的单相触电，这时人体受到的电压为相电压（电压值为 220V），较为危险。如图 1-18（a）所示。

② 电源中性线不接地的单相触电，此时电流通过人体进入大地，再经过其他两相对地电容或绝缘电阻回流到电源，若绝缘不良或对地电容较大时依然有触电的危险。如图 1-18（b）所示。

2）两相触电

两线触电是指当人体同时接触两根相线时，人体受到的电压为线电压（电压值为 380V），是最危险的触电。如图 1-19 所示。

（3）预防触电的技术措施

"THPWSD-1A 型给排水设备安装与调控实训装置"工作电压为 380V，该装置将给水

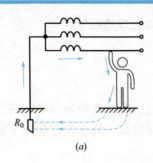
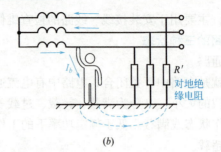

图 1-18　单相触电

（a）电源中性线直接接地电网；（b）电源中性线不接地电网

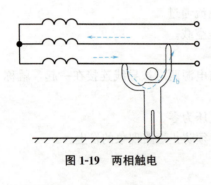

图 1-19　两相触电

和排水与电气自动化整合在一个平台，既有水，又有电。因此在实训教学和比赛中一定要严格遵守操作规程和安全规程，学会预防触电的技术措施。

1）安全操作规定

① 穿戴好劳动保护服装，正确使用合格的绝缘工具。

② 将需停电设备的各方面电源彻底断开，包括中性线。

③ 严禁带电操作。

④ 工作中要采用防止误触、误碰临近带电设备的措施。

⑤"实训装置"各系统中的水压试验和通水试验合格后，不存在"跑、冒、滴、漏"时，才允许上电调试。

2）保护接地和保护接零

为了电路的工作要求，保障人身和设备安全可以采取以下措施，如图 1-20 所示。

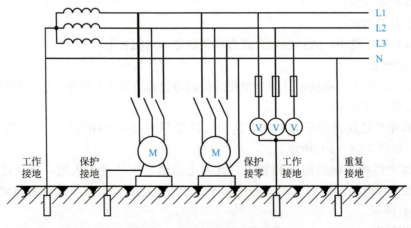

图 1-20　保护接地和保护接零

① 保护接零：在 TN 供电系统中受电设备的外露可导电部分通过保护线 PE 与电源中性点连接，而与接地点无直接联系。

② 工作接地：由于电气系统的需要，在电源中性点与接地装置作金属连接称为工作

接地。

③ 重复接地：在工作接地以外，在专用保护线 PE 上一处或多处再次与接地装置相连接称为重复接地。

④ 保护接地：将用电设备与带电体相绝缘的金属外壳和接地装置作金属连接称为保护接地。

保护接地和保护接零这两种保护方式，从保护原理到适用范围，都有着根本区别。实际使用中应注意选择恰当的保护方式：在中性点不接地的电网中，应采用保护接地措施；在中性点直接接地的低压电网中，应采用保护接零作为安全措施。"实训装置"加装了漏电断路器，电气设备采用保护接地，可以起到很好的安全保护作用，而这种保护方式也是当前的一种发展趋势。

（4）电气消防

电气设备或电气线路发生火灾时，应注意：

① 先断电再扑救。

② 带电灭火时，应选用不导电的灭火器材灭火，如干粉、二氧化碳、1211 灭火器，不得使用泡沫灭火器带电灭火。

任务 1.3　常用标准和图集

1.3.1　工程建设标准

1. 工程建设标准的表达形式

标准：通常是基础性和方法性的技术要求。

规范：通常是通用性和综合性的技术要求。

规程：通常是专用性和操作性的技术要求。

2. 标准分类

强制性标准：自发布后必须强制执行。

推荐性标准：自发布后必须自愿采用。

3. 标准的分级及编号规则

我国工程建设标准分为国家标准、行业标准、地方标准、团体标准和企业标准。

标准编号由标准代号、发布序号和发布年号三部分组成。

（1）国家标准

国家标准由国家标准化和工程建设标准化主管部门联合发布，在全国范围内实施。强制性标准代号为 GB，推荐性标准代号为 GB/T；发布顺序号大于 50000 者为工程建设标准，小于 50000 者为工业产品等标准。

（2）行业标准

行业标准由国家行业标准化主管部门发布，在全国某一行业内实施。

"建筑工业"行业标准代号为 JG，"建材"行业标准代号为 JC，"城镇建设"行业标准代号为 CJ。

（3）地方标准

地方标准由省、自治区、直辖市标准化主管部门发布，在某一地区范围内实施。

（4）团体标准

团体标准由团体制定，使用单位自愿采用。如《建筑给水超薄壁不锈钢塑料复合管管道工程技术规程（附条文说明）》CECS 135：2002 为中国工程建设标准化协会制定的团体标准。

（5）企业标准

企业标准由企业单位制定，在本企业内实施。

1.3.2 常用标准和图集

建筑设备安装与调控（给排水）赛项要求掌握实际安装操作所必备的理论知识，具有相应的知识水平和基本方法等，包括管道与消防相关国际标准、国家标准、行业规范、工程设计知识、安装知识、图形符号、常用器材规格和型号、试压设备，熟悉和了解行业安全标准和竞赛安全标准。与本赛项相关的常用标准和图集见表 1-3。

常用标准和图集 表 1-3

序号	标准代号	标准名称
1	建筑给水排水设计标准	GB 50015—2019
2	建筑给水排水制图标准	GB/T 50106—2010
3	建筑给水排水及采暖工程施工质量验收规范	GB 50242—2002
4	建筑给水超薄壁不锈钢塑料复合管管道工程技术规程	CECS 135：2002
5	自动喷水灭火系统设计规范	GB 50084—2017
6	自动喷水灭火系统施工及验收规范	GB 50261—2017
7	建筑给水塑料管道工程技术规程	CJJ/T 98—2014
8	冷热水用聚丙烯管道系统 第2部分：管材	GB/T 18742.2—2017
9	冷热水用聚丙烯管道系统 第3部分：管件	GB/T 18742.3—2017
10	生活饮用水卫生标准	GB 5749—2006
11	建筑排水用硬聚氯乙烯(PVC-U)管材	GB/T 5836.1—2018
12	建筑排水用硬聚氯乙烯(PVC-U)管件	GB/T 5836.2—2018
13	卫生设备安装图集	GJBT-1107-09S304
14	电气设备用图形符号 第2部分：图形符号	GB/T 5465.2—2008
15	建筑电气工程施工质量验收规范	GB 50303—2015
16	电气装置安装工程 电缆线路施工及验收标准	GB 50168—2018

Chapter 02

项目2

生活给水系统的安装

教学目标

1. 知识目标

（1）了解建筑内部给水系统的组成及给水压力、给水方式；

（2）了解超薄壁不锈钢塑料复合管及其配套管件、附件的种类、规格、表示方法；

（3）熟练识读生活给水系统施工图，计算生活给水管路材料清单；

（4）掌握计算法下料和比量法下料；掌握超薄壁不锈钢塑料复合管的切割与卡套连接方法，掌握水表、止回阀、混合水龙头等附件的安装方法。

2. 能力目标

（1）能快速估算给水压力，选择适合的给水方式；

（2）能熟练绘制生活给水系统图，快速计算生活给水管路材料清单；

（3）能进行超薄壁不锈钢塑料复合管的切割及卡套连接，安装水表、止回阀、混合水龙头等附件；

（4）能组织生活给水系统施工质量的验收和评定。

思维导图

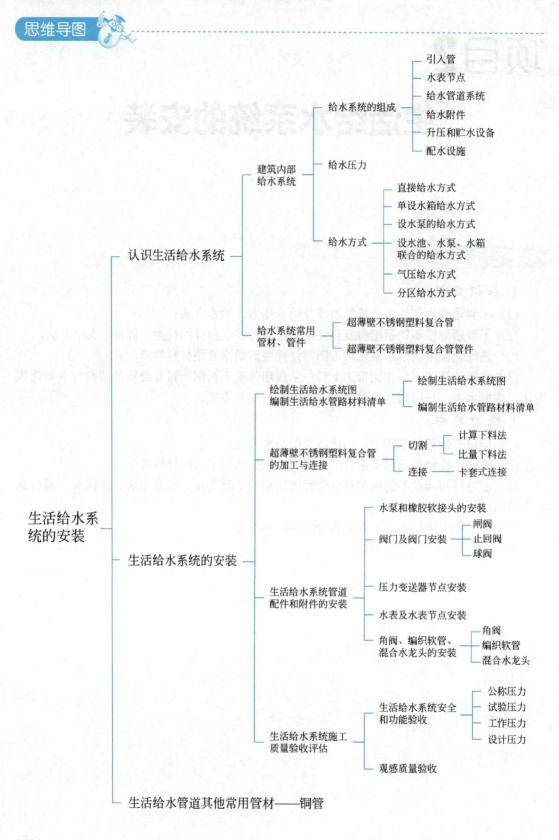

认识生活给水系统
- 建筑内部给水系统
  - 给水系统的组成
    - 引入管
    - 水表节点
    - 给水管道系统
    - 给水附件
    - 升压和贮水设备
    - 配水设施
  - 给水压力
  - 给水方式
    - 直接给水方式
    - 单设水箱给水方式
    - 设水泵的给水方式
    - 设水池、水泵、水箱联合的给水方式
    - 气压给水方式
    - 分区给水方式
- 给水系统常用管材、管件
  - 超薄壁不锈钢塑料复合管
  - 超薄壁不锈钢塑料复合管管件

生活给水系统的安装

生活给水系统的安装
- 绘制生活给水系统图 编制生活给水管路材料清单
  - 绘制生活给水系统图
  - 编制生活给水管路材料清单
- 超薄壁不锈钢塑料复合管的加工与连接
  - 切割
    - 计算下料法
    - 比量下料法
  - 连接
    - 卡套式连接
- 生活给水系统管道配件和附件的安装
  - 水泵和橡胶软接头的安装
  - 阀门及阀门安装
    - 闸阀
    - 止回阀
    - 球阀
  - 压力变送器节点安装
  - 水表及水表节点安装
  - 角阀、编织软管、混合水龙头的安装
    - 角阀
    - 编织软管
    - 混合水龙头
- 生活给水系统施工质量验收评估
  - 生活给水系统安全和功能验收
    - 公称压力
    - 试验压力
    - 工作压力
    - 设计压力
  - 观感质量验收

生活给水管道其他常用管材——铜管

引文

　　建筑内部给水系统的任务就是将城市自来水管网（或自备水源）的水输送到装置在室内的各种配水龙头、生产机组和消防设备等用水点，并满足各用水点水量、水压和水质的要求。

　　建筑内部给水系统可分为三种基本给水系统：生活给水系统、生产给水系统和消防给水系统。"THPWSD-1A 型给排水设备安装与调控实训装置"集成了生活给水系统、消防给水系统、生活热水系统和生活排水系统，项目 2 主要学习生活给水系统的安装。

任务 2.1　认识生活给水系统

2.1.1　建筑内部给水系统

1. 建筑内部给水系统的组成

　　建筑内部给水系统一般由引入管、水表节点、管道系统、给水附件、贮水和加压设备、配水设施和计量仪表等组成，如图 2-1 所示。

　　（1）引入管

　　引入管是指室外给水管网与建筑内部管网之间的联络管段，也称进户管。其作用是将水接入建筑内部。

　　（2）水表节点

　　水表节点是安装在引入管上的水表及其前后设置的阀门和泄水阀的总称。水表用于计量建筑物总用水量，阀门用于水表检修、更换时关闭管路，泄水阀用于系统检修时放空系统内的水。水表节点一般设置在水表井中。

　　（3）给水管道

　　给水管道包括干管、立管和支管。给水干管将水输送到建筑内部用水部位，给水立管将水输送到建筑各楼层，给水横支管将水输送到各用水点。

　　（4）给水附件

　　给水附件是指控制附件和配水附件，包括各种阀门、配水龙头、仪表等。用于调节水量、水压，控制水流方向及取用水。

　　（5）升压和贮水设备

　　在室外给水管网压力不足或建筑内部要求保证供水、水压稳定的场合，需设置水箱、水池等贮水设备和水泵、气压装置等升压设备。

　　（6）室内消防设备

　　按照建筑物防火要求及规定，需要设置消防给水系统时，一般指应设置消火栓灭火设

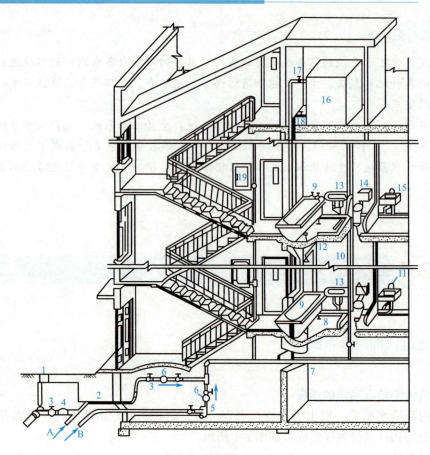

图 2-1 建筑给水系统

1—阀门井；2—引入管；3—闸阀；4—水表；5—水泵；6—止回阀；7—干管；8—支管；9—浴盆；
10—立管；11—水龙头；12—淋浴器；13—洗脸盆；14—大便器；15—洗涤盆；16—水箱；
17—进水管；18—出水管；19—消火栓；A—进入贮水池；B—来自贮水池

备，有特殊要求时还需设置自动喷淋消防给水设备。

2. 给水压力

建筑内部给水系统所需水压应满足系统中的最不利点处用水点应有的压力，并保证有足够的流出水头，如图 2-2 所示。最不利配水点一般是指最高、最远或流出水头最大的配水点。

建筑给水系统所需水压计算公式为：

$$H_x = H_1 + H_2 + H_3 + H_4 + H_5 \tag{2-1}$$

式中　H_x——建筑给水系统所需的压力（kPa）；

　　　H_1——引入管至最不利配水点的高度水头（kPa）；

　　　H_2——水头损失之和（kPa）；

　　　H_3——水表（节点）的水头损失（kPa）；

　　　H_4——最不利配水点的流出水头（kPa）；

　　　H_5——富余水头（kPa），指各种不可预见因素留有余地予以考虑的水头，一般可按 20kPa 计算。

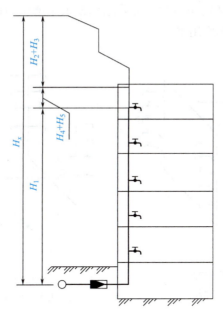

图 2-2　建筑给水系统所需水压

在初步确定给水方式时，对层高不超过 3.5m 的民用建筑，给水系统所需的压力 H（自室外地面算起），可用以下经验法估算：一层（$n=1$）为 100kPa；二层为 120kPa；三层以上每增加 1 层，增加 40kPa。即 $H=120+40\times(n-2)$kPa，其中 $n\geqslant2$。

3. 给水方式

（1）直接给水方式

当室外给水管网的水量、水压一天内任何时间都能满足室内管网的水量、水压要求时，采用直接给水方式即室内管网和管外给水管网直接相连，建筑内部管网直接在外网压力的作用下工作，如图 2-3 所示。

（2）单设水箱给水方式

当室外管网的水压周期性变化大，一天内大部分时间室外管网水压、水量能满足室内用水要求，只有在用水高峰时由于用水量过大，外网水压下降，短时间不能保证建筑物上层用水要求时，可采用单设水箱的给水方式，如图 2-4 所示。在室外管网中的水压足够时（一般在夜间），可以直接向室内管网和室内高位水箱送水，水箱贮备水量；当室外管网

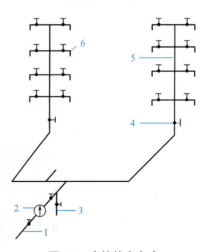

图 2-3　直接给水方式

1—进户管；2—水表；3—泄水管；4—阀门；
5—立管；6—配水龙头

的水压不足时，短时间不能满足建筑物上层用水要求时，由水箱供水。由于高位水箱容积不宜过大，单设水箱的给水方式不适用于日用水量较大的建筑。

（3）设水泵的给水方式

当一天内室外给水管网的水压大部分时间满足不了建筑内部给水管网所需的水压，而

且建筑物内部用水量较大又较均匀时，可采用单设水泵增压的供水方式，如图 2-5 所示。这种方式尤其适用于生产车间用水。

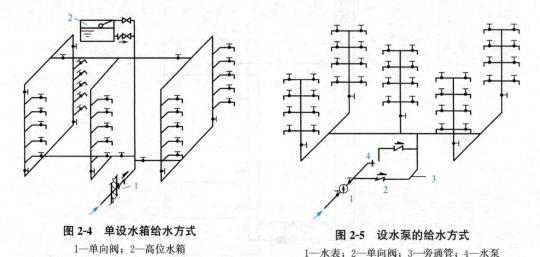

图 2-4　单设水箱给水方式
1—单向阀；2—高位水箱

图 2-5　设水泵的给水方式
1—水表；2—单向阀；3—旁通管；4—水泵

（4）设水池、水泵、水箱联合的给水方式

当室外给水管网的水压经常性低于或周期性低于建筑内部给水管网所需的水压时，而且建筑物内部用水又很不均匀时，可采用设置水泵、水箱联合供水方式。当室内消防设备要求储备一定容积的水量时，需设置贮水池，如图 2-6 所示。

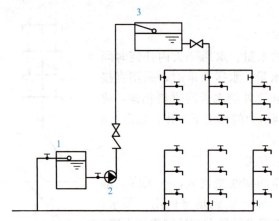

图 2-6　设置水池、水泵和水箱的给水方式
1—贮水池；2—水泵；3—水箱

（5）气压给水方式

气压给水装置的作用相当于高位水箱。该给水方式宜在室外给水管网压力低于或经常不能满足建筑内给水管网所需水压，室内用水不均匀，且不宜设置高位水箱时采用，如图 2-7 所示。

（6）分区给水方式

高层建筑中，室外给水管网水压往往只能供到建筑物下面几层，而不能供到建筑物上层，为了充分有效利用室外管网的水压，高层建筑应采用竖向分区供水方式，将给水系统

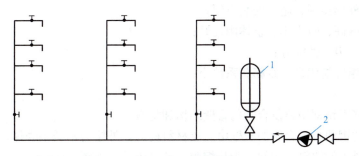

图 2-7　气压给水方式

1—气压水罐；2—水泵

分成上下两个供水区，如图 2-8 所示。室外给水管网水压线以下楼层为低区，由室外管网直接供水，高区或上面几个区由水泵和水箱联合供水或设水泵供水。

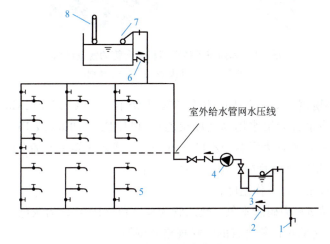

室外给水管网水压线

图 2-8　分区给水方式

1—泄水管；2—单向阀；3—贮水池；4—水泵；5—配水龙头；6—单向阀；7—浮球阀；8—浮球液位计

2.1.2　给水系统常用管材、管件

给水系统采用的管材和管件应符合国家现行有关产品标准的要求，管材和管件的工作压力不得大于产品标准公称压力或标称的允许工作压力。

室内给水管道应选用耐腐蚀和安装连接方便可靠的管材，可采用塑料给水管、塑料和金属复合管、铜管、不锈钢管及经可靠防腐处理的钢管。"THPWSD-1A 型给排水设备安装与调控实训装置"生活给水系统管材采用的是超薄壁不锈钢塑料复合管。

1. 超薄壁不锈钢塑料复合管

超薄壁不锈钢塑料复合管是我国首先开发的新型管材，外层为超薄壁不锈钢，内层为塑料，并用热熔胶或特种胶粘剂将两者紧密结合在一起，使其同时具有金属管与塑料管的综合优点。适用于建筑冷热水供水、空调供水及工业用水系统。

超薄壁不锈钢塑料复合管的优点：

① 质轻、外形美观、施工安装方便；

② 表面强度高、阻力小、整体刚性好；

③ 耐腐蚀、卫生性能好；

④ 隔热保温性能优良、线膨胀系数小；

⑤ 耐压高。

（1）超薄壁不锈钢塑料复合管的管壁结构和材料

超薄壁不锈钢塑料复合管的管壁由三层材料构成，外层为不锈钢壳体，内层为符合输送生活饮用水要求的塑料，中间层为热熔胶、环氧胶等。如图 2-9 所示。

图 2-9　超薄壁不锈钢塑料复合管的管壁结构
1—塑料层；2—热熔胶层；3—不锈钢层

外层材料为不锈钢 06Cr19Ni10（俗称 304 不锈钢）、00Cr17Ni12Mo2（俗称 316 不锈钢）。内层塑料：冷水管为给水用高密度聚乙烯（HDPE、PE63 或 PE80）或给水用硬聚氯乙烯（PVC-U）；热水管为耐温聚乙烯（PE-RT）或氯化聚氯乙烯（PVC-C）。

超薄壁不锈钢塑料复合管冷、热水管的区别：

① 管材表面的标记有工作温度；

② 冷水管内层塑料为树脂本色，热水管为橙红色（PVC-C 为灰色）。

（2）超薄壁不锈钢塑料复合管的管材规格和壁厚

超薄壁不锈钢塑料复合管管材公称压力为 1.6MPa，其规格和壁厚见表 2-1。

超薄壁不锈钢塑料复合管的管材规格和壁厚（单位：mm）　　　　表 2-1

公称外径 dn	16	20	25	32	40	50
不锈钢厚度	0.25	0.25	0.28	0.30	0.35	0.40
粘结层厚度	0.10	0.10	0.10	0.10	0.10	0.10
PE 类塑料厚度	1.65	1.65	2.12	2.60	3.05	3.40
管壁总厚	2.00	2.00	2.50	3.00	3.50	4.00
聚氯类塑料厚度	1.15	1.15	1.62	2.10	2.05	2.40
管壁总厚	1.50	1.50	2.00	2.50	2.50	3.00

由表 2-1 可知，内层材料不同则管壁总厚也不同。因购买批次不同，往往不同年份的比赛所用的管材壁厚不一样，所以在平时训练时需加强管道切割的手感练习。

（3）超薄壁不锈钢塑料复合管的其他性能

超薄壁不锈钢塑料复合管的外表应平整光滑，无裂纹、拉丝痕迹、凹陷。其压扁性能应达到压至 50%，壳体与塑料不分离。

2. 超薄壁不锈钢塑料复合管管件

（1）管件规格及分类

超薄壁不锈钢塑料复合管管件一般是用黄铜制造而成，采用卡套式连接。常用不锈钢塑料复合管管件规格见表 2-2。

超薄壁不锈钢塑料复合管管件规格（以"实训装置"上所用管件为例）　　表 2-2

管件	图示	规格	管件	图示	规格
弯头	 两端均接复合管	L20	内牙弯头	 一端接复合管，另一端接外牙	L20×1/2F
三通	 三端均接复合管	T20	内牙三通	 两端接复合管，中间接外牙	T20×1/2F T25×1/2F
内牙直通接头	 一端接复合管，另一端接外牙	S20×1/2F S20×3/4F	外牙直通接头	 一端接复合管，另一端接内牙	S20×1/2M S25×1/2M S25×3/4M

管接头按外部形式可分为：S 型（直通）、L 型（弯头）、T 型（三通）、X 型（四通）、D 型（堵头）。内牙用 F 表示，外牙用 M 表示。

（2）管件技术要求

管件本体材料为黄铜，推荐牌号是 HPb59-1；螺母、卡圈材料为黄铜，推荐牌号是 HPb59-1；密封圈材料可为硅橡胶、氟橡胶、丁腈橡胶。

冷热水用管件工作压力为 1.0MPa，密封圈的颜色为材料本色。

外观上管件应色泽均匀，锐角倒钝，不得有裂纹和凹凸不平，铸件无气孔、夹渣、砂眼；型号、规格、代号应标注清晰；螺纹应无断扣、压伤、毛刺。

管件与管子连接可靠，在常温下，应能承受规定的拉拔力，持续 60min 连接处无松动和断裂，零件应无裂缝或损坏。

在常温下，管接头密封性试验压力在 1.0MPa，保持 3min 不得渗漏。

任务 2.2　生活给水系统的安装

2.2.1　绘制生活给水系统图并编制生活给水管路材料清单

1. 绘制生活给水系统图

建筑给水系统施工图一般由设计施工说明、给水平面图、给水立面图、给水系统图、详图等几部分组成。

① 设计施工说明。主要内容有给水系统采用的管材及连接方法，设备、阀门型号，系统试压要求等施工要求。

② 平面图。主要内容有建筑平面，用水设备平面位置，引入管位置，干管、支管走向，立管编号等。

③ 立面图。主要反映设备的立面形式和内部的立面式样。

④ 系统图。主要内容有立管编号、用水设备、管道走向、标高、坡度、阀门种类及位置等。

⑤ 大样节点与节点详图。详图内容应反映工程实际，可以由设计人员绘制，也可引用安装图集。

（1）生活给水系统施工图的识读

识读生活给水施工图时，首先对照图纸目录，核对整套图纸是否完整，各张图纸的图名是否与图纸目录所列的图名相符，在确认无误后再正式阅读。

建筑设备安装与调控（给排水）赛项竞赛任务书提供"THPWSD-1A 型给排水设备安装与调控实训装置"立面图、A-A 平面图、B-B 平面图、C 向视图等 4 张图纸（附图 1～附图 4），系统图需要选手自绘。任务书中有关生活给水系统安装的说明类似于"设计施工说明"，选手应仔细阅读。

（2）绘制生活给水系统图

系统图应以 45°正面斜轴测的投影规则绘制。系统图应标注管径、控制点标高或距楼层面垂直尺寸、立管和系统编号，并应与平面图一致。系统图中标高、管径及管道编号如图 2-10～图 2-12 所示。标高单位以"m"计时，一般注写到小数点后第三位。

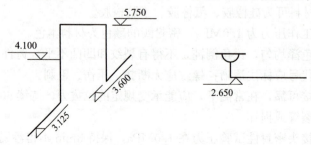

图 2-10　系统图中管道标高标注方法

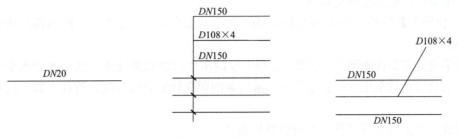

图 2-11 管径的标注方法

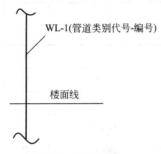

剖面图、系统图画法

图 2-12 管道编号表示法

【工作任务】根据提供的给水排水平面图和立面图（附图 1～附图 3），结合设备实物手绘完成生活给水系统图。

完成的生活给水系统图如图 2-13 所示。

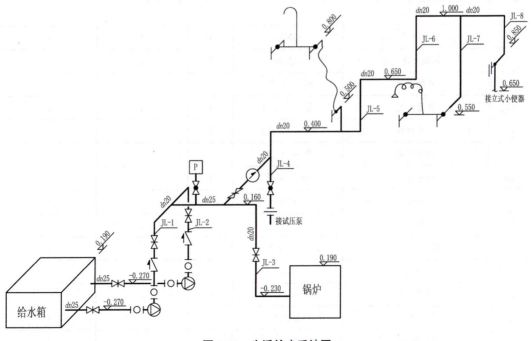

图 2-13 生活给水系统图

2. 编制生活给水管路材料清单

【工作任务】按照附图 1～附图 3，编制生活水泵出水口至水龙头、淋浴器之间管路材料清单。

选手应先在识读附图 1～附图 3 基础上绘制出生活给水系统图，然后按给水水流方向从生活水泵出水口至用水设备水龙头、淋浴器的顺序计算管道长度、管件个数，最后归类汇总。

完成的生活给水系统管路材料清单见表 2-3。

生活水泵出水口至水龙头、淋浴器之间管路材料清单　　　　　　　　　　表 2-3

序号	材料名称	规格	单位	数量 （不含升级包）	备注 （含升级包时）
1	不锈钢复合管	$dn20$	米	2	6
2	不锈钢复合管	$dn25$	米	0.2	0.2
3	橡胶软接头	$DN15$	根	2	2
4	铜止回阀	$DN15$	个	2	2
5	不锈钢外牙直通接头	$DN15$	个	8	8
6	黄铜闸阀	$DN15$	个	4	4
7	弯头	$L20$	个	3	9
8	内牙弯头	$L20\times1/2F$	个	4	4
9	三通	$T20$	个	—	2
10	内牙三通	$T20\times1/2F$	个	2	2
11	内牙三通	$T25\times1/2F$	个	1	1
12	不锈钢内牙三通	$DN15$	个	1	1
13	不锈钢内牙三通	$DN20$	个	1	1
14	外牙直通	$S20\times1/2M$	个	5	5
15	外牙直通	$S25\times1/2M$	个	1	1
16	外牙直通	$S25\times3/4M$	个	1	1
17	内牙直通	$S20\times1/2F$	个	—	2
18	内牙直通	$S20\times3/4F$	个	3	3
19	角阀	$DN15$	个	1	1
20	短柄球阀	$DN15$	个	2	2
21	外牙铜转接头(内外牙)	$DN20\times DN15$	个	2	2
22	编织软管	50cm	根	1	1
23	编织软管	80cm	根	1	—
24	铜活接头	$DN15$	个	1	1
25	延时自闭冲洗阀	$DN15$	个	—	1

2.2.2　超薄壁不锈钢塑料复合管的加工与连接

【工作任务】加工、连接生活水泵出水口至洗脸盆水龙头、卫浴单元混合淋浴水龙头之间管路，安装水表、淋浴水龙头等附件。安装完毕后应做水压试验，试验压力为 0.6MPa。其余未说明的事宜按《建筑给水排水及采暖工程施工质量验收规范》GB 50242—2002执行。

通过阅读任务书，识读和绘制生活给水系统施工图得知：生活给水系统采用超薄壁不锈钢塑料复合管，卡套式连接，主要管材规格为 $dn20$ 和 $dn25$。

1. 超薄壁不锈钢塑料复合管的切割

（1）管段的下料长度

管段中管子在轴线方向的有效长度称为管段的安装长度，管段安装长度的展开长度称为管段的加工长度，或称下料长度。如图 2-14 所示，l_1 和 l_2 为安装长度，中间弯曲的管段应展开，故该管段的下料长度 $L=l_1+l_2-R/2$。

2.1
下料方法

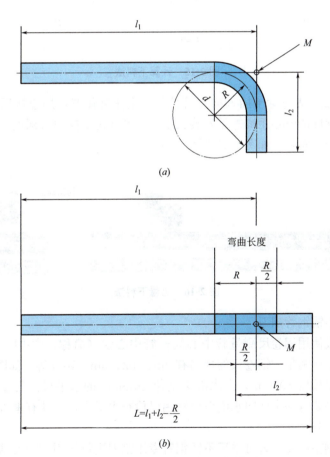

(a)

(b)

图 2-14　管段的安装长度和下料长度

（a）安装长度；（b）下料长度

施工时可按施工图管子的编号及各部件的位置和标高，计算出各管段的安装长度。同时用量尺现场实测、核对两管件的中心距离。然而由于管件自身占有长度，且管子承插连接时又要深入管件内一段长度，因此，要使管子与管件连接后符合管段长度的要求，必须掌握正确的下料方法，才能保证管子下料长度的准确。常用的下料方法有两种：计算下料法、比量下料法。

① 计算下料法。超薄壁不锈钢塑料复合管采用卡套连接，管子的下料长度 L 等于安装长度 l 减去管件安装尺寸 z，如图 2-15 所示。

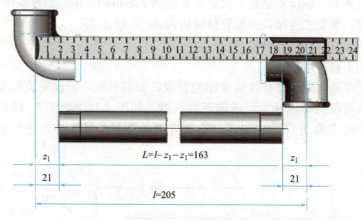

$$L=l-z_1-z_1=163$$

图 2-15　计算下料法

② 比量下料法。先将管子插入前方管件的卡套中并旋紧，用连接后方的管件进行比量，使其与前方管件的中心距离等于安装长度，从管件边缘按插入深度在直管上标记出切割线，再经切断即可安装，如图 2-16 所示。

图 2-16　比量下料法

（2）量尺和不锈钢管割刀

管道施工一般使用钢卷尺测量管中心线—管中心线（简称：中-中）的距离，必要时可配合长水平尺进行测量。钢卷尺的规格有 2m、3m、5m、10m 等，如图 2-17 所示。

管工一般选用长度 600mm，主水准刻度值 2mm/m 的水平尺。其金属外壳上附有磁性吸块，尺面中央装有一个横向水泡玻璃管用以检查水平度，一端有垂直水泡玻璃管可检查垂直度，如图 2-18 所示。

超薄壁不锈钢塑料复合管可采用不锈钢管专用割刀进行切割，割刀结构和操作方法如图 2-19 所示。操作时，左手拿住割刀主体部分，用右手旋转割刀手柄，顺时针旋转是缩小割刀刀片与滚轮之间的间距，俗称"进刀""打紧"；逆时针旋转则增加间距，也就是

图 2-17　钢卷尺

图 2-18　水平尺

图 2-19　不锈钢塑料复合管专用割刀及操作方法

1—割刀（轮）；2—导向滚轮；3—修毛刺器；4—备用刀片区

"退刀""松开"。切割时进刀不能太快，手柄每转一圈时进刀量不大于 0.2mm。如果进刀太快，易导致管材变形。

超薄壁不锈钢塑料复合管切割加工步骤：

① 对管材外观质量进行检查，确认好加工尺寸，用记号笔在管段上作好切割标记。

② 逆时针旋转割刀手柄退刀增大刀口和滚轮之间的距离，把管段放入割刀内依托住滚轮，同时将刀片对准切割标记。

③ 顺时针旋转割刀手柄打紧割刀直到压紧管子，切割时用左手握住管子，不让管子旋转，右手握住割刀手柄带动割刀绕管子顺时针旋转从而对管子进行切割。在切割过程中要不断旋转割刀手柄以便刀片深入到不锈钢复合管内部，从而将其切断。

切割时用力要均匀，不然割刀容易滑动；也不宜用力过大，造成将管子变形且不方便切割；应充分利用滚轮宽度同时左手把握好管段，使管段的端面与轴线保持垂直。

割断后检查管段外观，如毛刺明显，则需用割刀的修毛刺器去除毛刺，最后管段外表无损伤，端口圆整，无变形、无毛刺为合格。

2. 超薄壁不锈钢塑料复合管的连接

（1）卡套式管件的结构

卡套式管件由管件主体和端部的卡套部件组成，卡套部件包括锁紧螺母、C 型环、锥形封口环、锥形橡胶圈等四个零件，如图 2-20 所示。在管段端部套入锁紧螺母、C 型环、锥形封口环、锥形橡胶圈，当锁紧螺母与管件锁紧的同时，收紧 C 型环并压紧锥形封口环和锥形橡胶圈，使管材与管件紧固密封。

（2）卡套式连接

管道卡套式连接安装的步骤：

2.2
复合管切割、卡套式连接

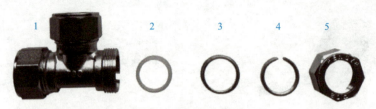

图 2-20　卡套式管件的结构

1—管件主体；2—锥形橡胶圈；3—锥形封口环；4—C 型环；5—锁紧螺母

① 切割后，管材如端面不圆整、端口有毛刺，则有可能造成渗漏，因此首先要检查管材，对有问题的进行修整。

② 检查管段长度，确认加工尺寸。

③ 检查管件卡套接头各部件是否齐全。

④ 管材端口依次套入锁紧螺母、C 型环、锥形封口环、锥形橡胶圈。套入时需注意方向性，锥形橡胶圈、锥形封口环的喇叭口应朝管件外侧方向，如图 2-21 所示。

⑤ 先将管子插入管件主体承口底部，再将锥形橡胶圈、锥形封口环、C 型环依次推入承口中，最后用手旋紧螺母达到压力点后用扳手将螺母拧紧。安装后管子不能前后滑动，但允许有轻微转动。

图 2-21　卡套部件安装顺序及方向

2.2.3　生活给水系统管道配件和附件的安装

【工作任务】安装"THPWSD-1A 型给排水设备安装与调控实训装置"生活给水系统的水泵、压力变送器、脉冲水表、水龙头和淋浴龙头、闸阀、球阀、止回阀、橡胶软接头等设备和管道附件。

1. 水泵和橡胶软接头的安装

（1）水泵

生活给水系统采用设水泵的给水方式，共 2 台变频磁力循环泵。变频磁力循环泵型号为 20CQ-12P，380V，50Hz。进口直径为 20mm，出口直径为 12mm，扬程 12m，流量 50L/min，转速 2800rpm，功率 0.37kW。其安装方式为：从上向下穿螺丝，地板下有焊接螺母。注意在水泵下面要垫上一块 5mm 白色橡胶皮，其目的是减轻水泵运行所带来的振动。

（2）橡胶软接头

橡胶软接头也称可曲挠橡胶接头、避振喉、管道减振器等。一般常用于民用建筑给水排水工程，泵房机组管道承接，用于解决管道偏移、轴向伸缩、不同心度及减振、降噪。

安装前，必须根据管道的工作压力、连接方式、介质和补偿量选择合适的橡胶软接头型号；安装时，必须让橡胶软接头处于自然状态，不要产生人为变形，这样可以避免导致产品的早期损坏和使用效果的减弱，安装时严禁超位移极限。如图 2-22 所示。

图 2-22　橡胶软接头安装效果图

2. 阀门及阀门安装

（1）闸阀

闸阀主要用于截断或接通介质流体。闸阀的启闭件由阀杆带动，沿阀座密封面作升降运动。在管路上主要作为切断介质用，即全开或全关使用。一般闸阀不可作为调节流量使用。如图 2-23 所示。

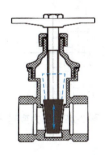

图 2-23　闸阀及结构

（2）止回阀

止回阀用于阻止介质倒流。图 2-24 为立式升降式止回阀，阀瓣沿着通道中心线作升降运动，动作可靠，但流体阻力较大，适用于较小口径的场合。立式升降式止回阀一般安装在垂直管路，安装时有严格的方向性，一定不可装反。

图 2-24　立式升降式止回阀及结构

（3）短柄球阀

球阀是通过启闭件（球体）绕垂直于通路的轴线旋转的阀门，用于截断或接通介质。球阀是快开式阀门，阻力小、流量大。但密封面易磨损，开关力较大，容易卡住，故不适用于高温高压的情况。如图 2-25 所示。

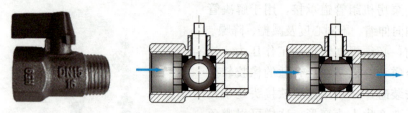

图 2-25　内外牙短柄球阀及结构

3. 压力变送器及压力变送器节点安装

"实训装置"选用的是 KYB 压力变送器，量程 0～200kPa，接口规格为 G1/2，通过 4 分外牙管螺纹与内外牙短柄球阀相连接。电气接线图详见项目 6。

"实训装置"压力变送器节点有管径的变化，且管件较多，安装时需要加以分辨。如图 2-26 所示。

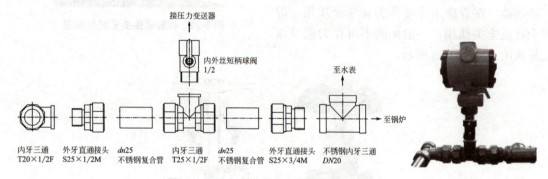

图 2-26　压力变送器节点拆解及安装效果图

4. 水表及水表节点安装

"实训装置"选用规格 15mm 口径的脉冲远传水表（旋翼水表加上电子模块），用来计量生活给水的用水量。其安装方法为：先将水表的两头顺时针方向缠绕好生料带，然后在两头安装好内牙直通接头（S20×3/4F）并打紧，最后安装到不锈钢复合管管路上。注意：水表安装到管道上之前，应先放水清洗管道清除管道中的污物，以免污物堵塞水表。水表应水平安装，并使水表外壳上的箭头方向与水流方向一致，不得装反。如图 2-27 所示。

图 2-27　旋翼水表工作原理及节点安装效果图
1—计数表盘；2—滤网；3—旋翼

5. 角阀、编织软管、混合水龙头的安装

（1）角阀

角阀全名是角式截止阀，其出口与进口成 90°直角，所以又叫三角阀。角阀的主要作用为开、关水源，方便水龙头损坏后的更换工作。截止阀工作原理及安装在项目 4 中作详细介绍。

角阀如图 2-28（a）所示，所谓的冷热水角阀只是红、蓝标签的差别，其内部结构都完全一样。冷水角阀标签是蓝色的，热水角阀标签是红色的，安装时不要装反。

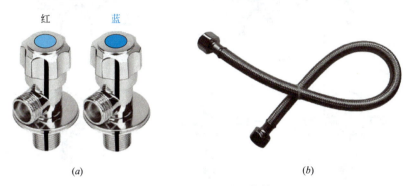

红　　　蓝

（a）　　　　　　　　　　　　　　　　　　　　　　（b）

图 2-28　角阀和编织软管

（a）角阀；（b）编织软管

（2）编织软管

编织软管主要是用来连接角阀与混合水龙头的。"实训装置"主要用到的编织软管长度有 50cm 和 80cm 两种规格，其分别是台盆上的混合水龙头采用 50cm 长的规格，淋浴混合水龙头采用的是 80cm 长的规格，如图 2-28（b）所示。

编织软管的连接方式采用 4 分内牙螺纹连接，安装时应保持自然舒展状态，注意软管与阀体的接头处不要形成死角，以免折断或损伤软管。

（3）混合水龙头

混合水龙头是家庭最常用水龙头种类之一，是能把冷水和热水混合在一起，并自由调节水温和水量大小的水龙头。其原理主要是在水龙头的内部使用精度非常高的陶瓷片对出水情况进行控制，使用时手柄上下调节可控制出水量大小，左右调节朝向不同便出现冷水与热水之分，如图 2-29 所示。

混合水龙头的安装步骤为：

① 检查配件是否齐全。

② 先放水冲洗管道中的泥沙杂质，避免发生阀芯损坏，然后关闭角阀。

③ 按照产品安装尺寸图和使用说明书安装混合水龙头。

④ 接上编织进水软管，对接时注意"左热右冷"的原则。

角阀、编织软管、混合水龙头的安装时要注意一些靠螺纹密封，另一些靠胶垫密封。螺纹密封需要缠生料带，而胶垫密封不能缠生料带，缠了反而容易漏。安装详图如图 2-30 所示。

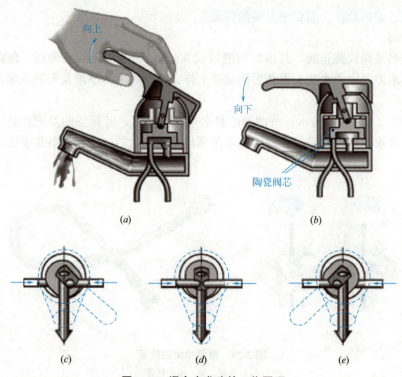

图 2-29　混合水龙头的工作原理

（a）开；（b）关；（c）冷；（d）混合；（e）热

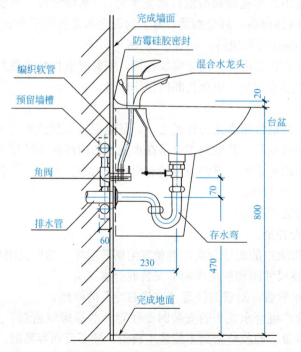

图 2-30　台盆（角阀、编织软管、混合水龙头）安装图

2.2.4 生活给水系统施工质量验收评估

建筑给水排水工程的验收应依据《建筑给水排水及采暖工程施工质量验收规范》GB 50242—2002 进行。

1. 生活给水系统安全和功能验收

"实训装置"生活给水系统安全和功能验收是指不锈钢复合管管路的压力试验。压力试验需理解公称压力、试验压力、工作压力和设计压力的定义及四者的关系。

公称压力是制品在基准温度下的耐压强度，用 PN 表示，单位：MPa。如钢的基准温度为250℃，公称压力1.0MPa，记为：PN 1.0MPa

试验压力是对制品进行强度试验的压力，用 P_s 表示。试验压力 4.0MPa，记为：P_s 4.0MPa。

工作压力是指给水管道正常工作状态下作用在管内壁的最大持续运行压力，不包括水的波动压力，用 P_t 表示。$t \times 10 =$ 制品的最高工作温度。介质的最高温度为300℃，工作压力 10MPa，记为：P_{30} 10MPa。

设计压力是指给水管道系统作用在管内壁上的最大瞬时压力。一般采用工作压力及残余水锤压力之和。通常设计压力取工作压力的 1.5 倍值。

试验压力、公称压力、工作压力之间的关系为：$P_s > PN > P_t$。

（1）试压前应具备

① 生活给水系统安装完毕。

② 支架、固定管卡安装完毕。

③ 试压装置完好，并已连接完毕。压力表应经检验校正，其精度等级不应低于 1.5 级，表盘满刻度值约为试验压力的 1.5～2.0 倍。

试压装置手动试压泵如图 2-31 所示。

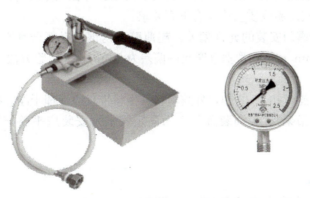

图 2-31 手动试压泵

（2）水压试验的步骤

① 在试压管段系统的高处装设排气阀，低处接灌水试压装置。

② 打开管路的排气阀、进水阀及试压泵的泄水阀，向系统内注入洁净水，直至系统内的空气排尽，泄水阀处有水溢出。此时关闭泄水阀，压力表

2.3 消防及生活给水系统试压

指针略有上升，检查系统有无渗漏，如有应及时维修。

③ 关闭管路的排气阀、进水阀，将试压泵水箱加满水，手动缓慢打压加到一定值，暂停加压，对系统进行检查，无问题再继续加压，直至达到试验压力值。

④ 将水压试验结果填入管道系统试压记录表中。

⑤ 水压试验合格后，分段对管道进行清洗。

考虑到与实际工程的区别，本项目在实际操作时可对①、⑤作适当调整。

（3）水压试验质量要求

室内给水管道的水压试验必须符合设计要求，当设计未注明时，各种材质的给水管道系统试验压力均为工作压力的 1.5 倍，但不得小于 0.6MPa。

"实训装置"检查方法为：生活给水系统工作压力为 0.4MPa，试验压力为 0.6MPa，管道系统在试验压力下观测 10min，压力降不大于 0.02MPa，然后降到工作压力进行检查，应无渗漏。

水压试验合格后，应填写水压试验记录表，见表 2-4，资料应签字归档。

生活给水系统水压试验记录表 表 2-4

管道(设备)名称、部位和编号	管道材质	工作压力（MPa）	标准(设计要求)			实际试验	
			试验压力（MPa）	稳压时间（min）	压降或泄漏（MPa）	稳压时间（min）	压降或泄漏（MPa）
确认安装检查结果	竞赛小组成员：						
	裁判员：					年　月　日	

2. 观感质量验收

观感质量是指通过观察和必要的量测所反映的工程外在质量，有好、一般、差三个等级。生活给水系统观感验收质量应符合下列要求：

① 给水管道和阀门安装的允许偏差。超薄壁不锈钢塑料复合管水平管道纵横方向弯曲允许偏差为 1.5mm/m，立管垂直度允许偏差为 2mm/m。检验方法：用水平尺、直尺、拉线和尺量检查。

② 管道接口外露丝扣 1～2 扣，外露填料（生料带）须清理干净。检查方法：观察。

③ 管道的支、吊架（"实训装置"中为固定管卡）安装应平整牢固。检查方法：观察、手扳检查。

技能拓展

★ 生活给水管道其他常用管材——铜管

铜管主要由纯铜、磷脱氧铜制造，称为铜管或紫铜管。铜管具备坚固、耐腐蚀的特性，而成为现代建筑的生活给水、供热、制冷管道安装的首选。如图 2-32 所示。

1. 铜管的主要特点

1）卫生杀菌。游离在水中的铜离子，有强大的消毒杀菌作用。

2) 经久耐用。铜的化学性能相当稳定、不易被腐蚀。

3) 美观实用。内管直径大，用作藏墙式水管装置时，可减少挖空墙壁的深度。

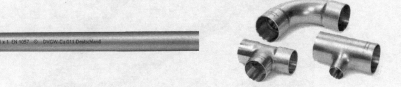

图 2-32　铜管及铜管件

2. 铜管的安装

铜管的连接方式主要有钎焊、螺纹、卡压式连接。

（1）钎焊

钎焊是利用熔点比母材低的钎料和母材一起加热，在母材不熔化的情况下，钎料熔化后润湿并填充进两母材连接处的缝隙，形成钎焊缝，在缝隙中，钎料和母材之间相互溶解和扩散，从而得到牢固地结合。

钎焊按所用钎料熔点的高低不同，可分为两大类，一般以450℃为界，钎料熔点小于450℃的钎焊为软钎焊，钎料熔点大于450℃的钎焊为硬钎焊。软钎焊操作简单，便于掌握，但其接头的钎接强度较低。硬钎焊与软钎焊相比，具有较高的钎接强度，但其操作稍有难度，需要一定的实践经验。

（2）铜管的安装过程

1）划线。

2）管道支架安装。

3）铜管钎焊：切割→清除毛边→清洁铜管和配件→在铜管外表面涂焊药→在配件内表面涂焊药→安装→铜管适当旋转并去除多余钎剂→预热铜管→预热配件→边加热边加焊料将钎缝填满→让接头在静止状态下冷却结晶。如图 2-33 所示。

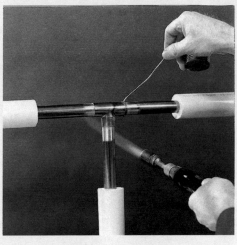

图 2-33　铜管的钎焊

4）安装管道。钢管安装的效果图如图 2-34 所示。

图 2-34　铜管安装效果图

Chapter 03

项目**3**

建筑消防给水系统的安装

教学目标

1. 知识目标

（1）了解火灾的分类及灭火的基本原理和方法；

（2）了解湿式自动喷水灭火系统的组成及其工作原理；

（3）了解镀锌钢管及其配套管件、附件的种类、规格、表示方法；

（4）熟练识读消防给水系统施工图，计算消防给水管路材料清单；

（5）掌握镀锌钢管的切割、套丝以及螺纹连接、活接头连接、法兰连接等方法，掌握消防给水附件的安装方法。

2. 能力目标

（1）能根据火灾类型选择正确的灭火方法；

（2）能熟练绘制消防给水系统图，快速计算消防给水管路材料清单；

（3）能进行镀锌钢管的加工与连接，安装消防给水系统附件；

（4）能组织消防给水系统施工质量的验收和评定。

思维导图

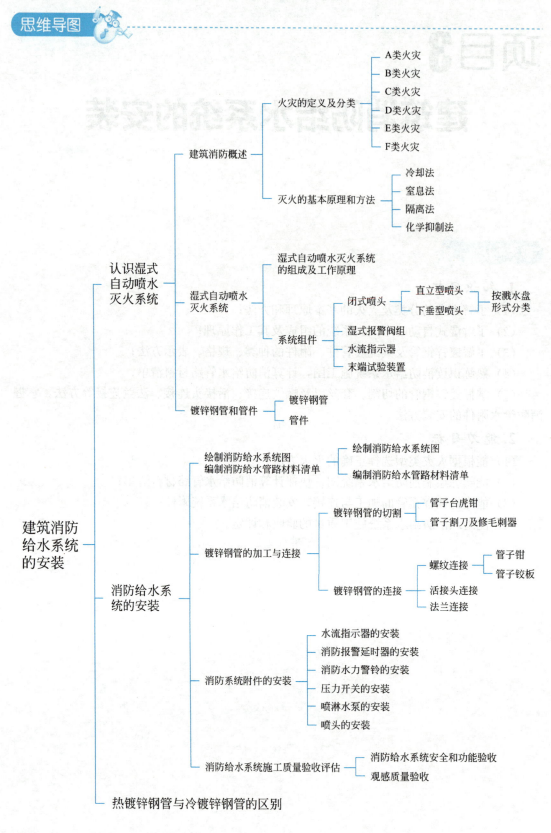

在建筑物内部设置消防给水系统，用于扑灭建筑物中一般性质的火灾，是最经济有效的方法。建筑消防给水系统按功能和作用原理不同可分为室内消火栓给水系统和自动喷水灭火系统。

　　室内消火栓给水系统是将室外给水系统提供的水输送到室内消火栓设备，由人员操纵水枪灭火；自动喷水灭火系统是在火灾发生时自动喷水灭火，同时发出火警信号。"THPWSD-1A 型给排水设备安装与调控实训装置"配置的是湿式自动喷水灭火系统。

任务 3.1　认识湿式自动喷水灭火系统

3.1.1　建筑消防概述

1. 火灾的定义及分类

火灾是指在时间或空间上失去控制的燃烧所造成的灾害。

火灾根据可燃物的类型和燃烧特性，分为 A、B、C、D、E、F 六大类。

A 类火灾：指固体物质火灾。这种物质通常具有有机物质性质，一般在燃烧时能产生灼热的余烬。如木材、干草、煤炭、棉、毛、麻、纸张等火灾。

B 类火灾：指液体或可熔化的固体物质火灾。如煤油、柴油、原油、甲醇、乙醇、沥青、石蜡、塑料等火灾。

C 类火灾：指气体火灾。如煤气、天然气、甲烷、乙烷、丙烷、氢气等火灾。

D 类火灾：指金属火灾。如钾、钠、镁、铝镁合金等火灾。

E 类火灾：指带电火灾。物体带电燃烧的火灾。

F 类火灾：指烹饪器具内的烹饪物（如动植物油脂）火灾。

2. 灭火的基本原理和方法

物质燃烧必须同时具备三个必要条件，即可燃物、助燃物和着火源。根据这些基本条件，一切灭火措施都是为了破坏已经形成的燃烧条件，或终止燃烧的连锁反应而使火熄灭以及把火势控制在一定范围内，最大限度地减少火灾损失。这就是灭火的基本原理。

根据灭火的基本原理，灭火方法可以归纳为冷却法、窒息法、隔离法和化学抑制法。

冷却法：如用水扑灭一般固体物质的火灾，通过水来大量吸收热量，使燃烧物的温度迅速降低，最后使燃烧终止。

窒息法：如用二氧化碳、氮气、水蒸气等来降低氧浓度，使燃烧不能持续。

隔离法：如用泡沫灭火剂灭火，通过产生的泡沫覆盖于燃烧体表面，在冷却作用的同时，把可燃物同火焰和空气隔离开来，达到灭火的目的。

化学抑制法：如用干粉灭火剂通过化学作用，破坏燃烧的链式反应，使燃烧终止。

3.1.2 湿式自动喷水灭火系统

3.1
湿式自动喷水灭火系统的组成及工作原理

1. 湿式自动喷水灭火系统的组成及工作原理

根据喷头的开闭状态，自动喷水灭火系统可分为闭式系统和开式系统两类。采用闭式洒水喷头的为闭式系统，采用开式洒水喷头的为开式系统。其中闭式系统根据管网充水与否分为湿式自动喷水灭火系统和干式自动喷水灭火系统。

湿式自动喷水灭火系统由水池、水泵、水箱、湿式报警阀、延迟器、压力开关、水力警铃、水流指示器、闭式喷头、试验装置等组成，如图3-1所示。

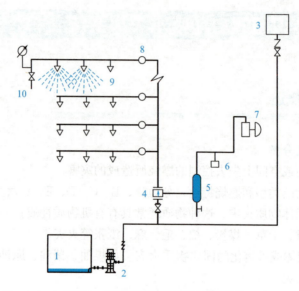

图3-1 湿式自动喷水灭火系统示意

1—水池；2—水泵；3—水箱；4—湿式报警阀；5—延迟器；6—压力开关；7—水力警铃；
8—水流指示器；9—闭式喷头；10—试验装置

湿式自动喷水灭火系统管网中充满有压水，当建筑物发生火灾时，火点温度达到开启闭式喷头温度时，闭式喷头破裂，水由喷头喷出，管道中的水流使湿式报警阀开启，湿式报警阀发出声音报警信号，同时输出电报警信号，启动消防水泵，消防水泵给系统提供压力，进行灭火。

湿式自动喷水灭火系统有自动跟踪火源、灭火速度快、控制率高、系统简单、施工和管理方便、比较经济等优点。但由于管网中充满压力水，当渗漏时会损坏建筑装饰和影响建筑的使用。适用于环境温度不低于4℃和不高于70℃的建筑物或场所，是使用最多的自动喷水灭火系统。

2. 系统组件

（1）闭式喷头

喷头是自动喷水系统的关键部件，当环境温度达到规定值时，能自动打开喷头喷水灭火。目前主要有闭式喷头、开式喷头和特殊喷头三类，各用于不同场所。

闭式喷头由喷水口、感温释放机构和溅水盘等组成。平时，闭式喷头的喷水口由感温元件组成的释放机构封闭。当温度达到喷头的公称动作温度范围时，感温元件动作，释放机构脱落，喷头开启。

闭式喷头按感温元件可分为易熔合金闭式喷头、玻璃球闭式喷头；按溅水盘形式分为直立型喷头、下垂型喷头；根据喷头的应用范围不同分为边墙型喷头、吊顶型喷头等。如图 3-2 所示。

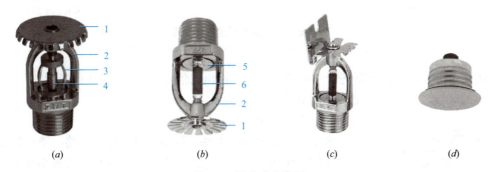

图 3-2　闭式喷头类型

（a）直立型易熔合金喷头；（b）下垂型玻璃球喷头；（c）边墙型喷头；（d）吊顶型喷头

1—溅水盘；2—框架；3—释放机构；4—易熔合金锁片；5—阀片；6—玻璃球

在不同环境温度场所内设置喷头时，喷头公称动作温度应比环境最高温度高 30℃ 左右。各种喷头动作温度和色标见表 3-1。

喷头的动作温度和色标　　　　　　　　　　　　　　　　表 3-1

类别	公称动作温度（℃）	色标	接管直径 DN（mm）	最高环境温度（℃）	连接形式
	57	橙色	15	27	螺纹
	68	红色	15	38	螺纹
玻璃球喷头	79	黄色	15	49	螺纹
	93	绿色	15	63	螺纹
	141	蓝色	15	111	螺纹
	182	紫红色	15	152	螺纹

（2）湿式报警阀组

湿式报警阀组主要包括有：湿式报警阀、延时器、压力开关、水力警铃和压力表等。

湿式报警阀组的工作原理如图 3-3 所示。湿式报警阀装置长期处于伺应状态，系统侧充满工作压力的水，自动喷水灭火系统控制区内发生火警时，系统管网上的闭式洒水喷头中的感温元件受热爆破自动喷水，湿式报警阀系统侧压力下降，在压差的作用下，阀瓣自动开启，供水侧的水流入系统侧对管网进补水，整个管网处于自动喷水灭火状态。同时，少部分水通过座圈上的小孔流向延迟器和水力警铃，在一定压力和流量的情况下，水力警铃发出报警声响，压力开关将压力信号转换成电信号，启动消防水泵和辅助灭火设备进行

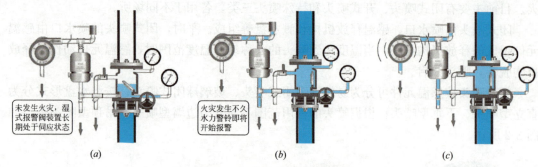

图 3-3　湿式报警阀组工作原理
（a）伺应状态；（b）刚发生火灾时状态；（c）报警状态

补水灭火，装有水流指示器的管网也随之动作，输出电信号，使系统控制终端及时发现火灾发生的区域，达到自动喷水灭火和报警的目的。

（3）水流指示器

水流指示器由膜片组件、调节螺钉、延迟电路、微动开关及连接部件等组成。其工作原理：当湿式自动喷水灭火系统中的某区发生火警，使洒水喷头感温玻璃球胀破后开启灭火，配水管中水流推动叶片通过膜片组件使微动开关闭合，导通有关电路，一般都装有延迟功能确定水流有效后给出水流信号，传至报警控制器显示出该分区火警信号。水流指示器如图 3-4 所示。

（4）末端试验装置

图 3-4　鞍式水流指示器

为了检验报警阀水流指示器等在某个喷头作用下是否正常工作，自动喷水系统在最不利点喷头支管的末端设置试验装置，末端试验装置由试水阀、压力表以及试水接头等组成。如图 3-5所示。

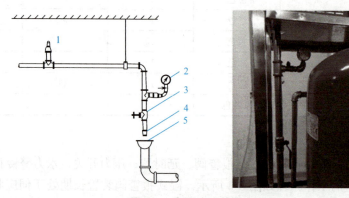

图 3-5　末端试验装置
1—最不利点喷头；2—压力表；3—截止阀；4—试水接头；5—排水漏斗

（5）信号蝶阀

信号蝶阀一般放在湿式报警阀入水口下端。具有开启速度快、密封性能好（密封垫为防水橡胶）等特点，并还特别设计了驱动装置和安装了信号控制盒，当阀门开启和关闭时均能发出报警信号。信号蝶阀工作原理及接线见项目6。

3.1.3　镀锌钢管和管件

自动喷水灭火系统配水管道可采用内外壁热镀锌钢管、涂覆钢管、铜管、不锈钢管和氯化聚氯乙烯（PVC-C）管。

"THPWSD-1A型给排水设备安装与调控实训装置"消防给水系统采用内外壁热镀锌钢管，连接方式为螺纹连接。

1. 镀锌钢管

焊接钢管由卷成管形的碳素钢板以对缝焊接而成。将焊接钢管的内外表面施以热浸镀锌工艺，则称为（热）镀锌钢管。钢管的镀锌层总质量应不小于 $500g/m^2$。

公称直径 $DN \leqslant 100mm$ 的热浸镀锌钢管，最大工作压力 $\leqslant 1.0MPa$，可采用螺纹连接。

冷镀锌和未镀锌钢管不允许在建筑给水系统中使用。即便是镀锌钢管，较其他管材也是容易腐蚀，因此生活饮用水管不允许采用镀锌钢管，目前仅在消防系统中的管道采用镀锌钢管。

镀锌钢管以公称直径标称。公称直径是指各种管子与管件的通用口径，用 $DN \times \times$ 表示。相同公称直径的管道具有通用性、互换性。常用镀锌钢管规格见表3-2。

常用镀锌钢管规格　　　　　　　　　　　　　　　　　　　　　表3-2

DN(mm)	R(in)	外径 D(mm)	壁厚 s(mm) （一般管,不加厚）	理论质量 m(kg/m) （热镀锌管）
15	1/2	21.3	2.65	1.35
20	3/4	26.9	2.65	1.75
25	1	33.7	3.25	2.55
32	1¼	42.4	3.25	3.56
40	1½	48.3	3.25	4.10
50	2	60.3	3.65	5.60

2. 管件

管件是指在管道系统中起连接、变径、转向、分支等作用的零件。各种管道应采用与该类管材相应的专用管件。消防给水系统常用管件为可锻铸铁（俗称玛钢）管件，某些特殊地方可用其他类管件，如不锈钢管件、黄铜管件等。

可锻铸铁管件用可锻铸铁制成，管件要求镀锌保护层，应采用热镀工艺。其外观上的特点是端部带有厚边。以增加连接强度。可锻铸铁管件主要用于管道的延长、分支及转弯处。常用可锻铸铁管件规格及安装尺寸见表3-3。

安装尺寸用"z"表示，是指安装后管子端面到管件轴线的平均距离或两个管子端面之间的平均距离。

同径管件，即所有出口处规格相同，归类于一个规格表示；有两个出口端的异径管件，按出口规格渐减的顺序来规定（大出口→小出口）；有两个以上出口端，并且出口规格不一样的异径管件应按表 3-3 中"镀锌异径三通 $DN25 \times DN15$"图示标记出口端 1→2→3 顺序。

可锻铸铁管件型式、规格及安装尺寸（以"实训装置"上所用管件为例）　　表 3-3

型式、规格	安装尺寸（mm）	型式、规格	安装尺寸（mm）
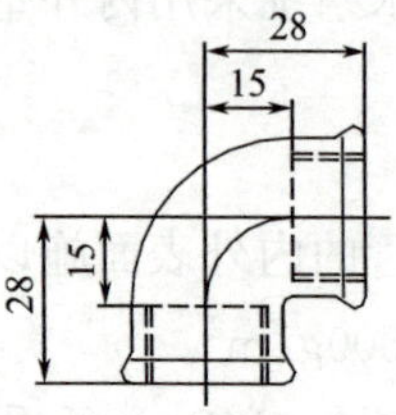 镀锌 90°等径弯头 $DN15$	$z=15$	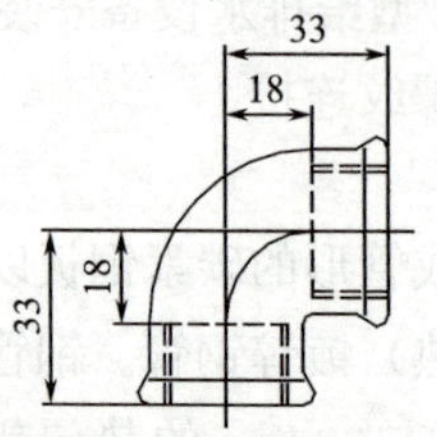 镀锌 90°等径弯头 $DN20$	$z=18$
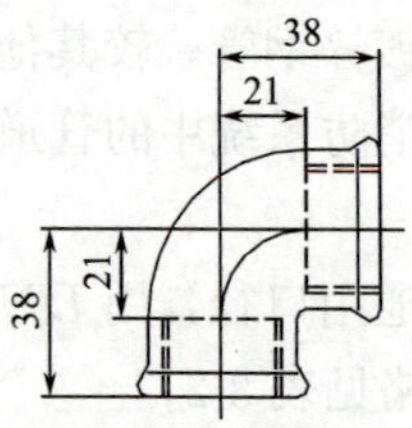 镀锌 90°等径弯头 $DN25$	$z=21$	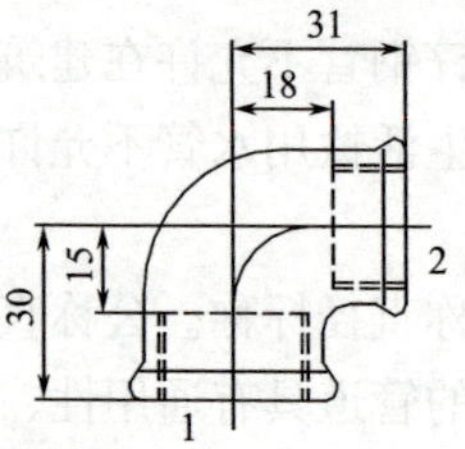 镀锌 90°异径弯头 $DN20 \times DN15$	$z_1=15$ $z_2=18$
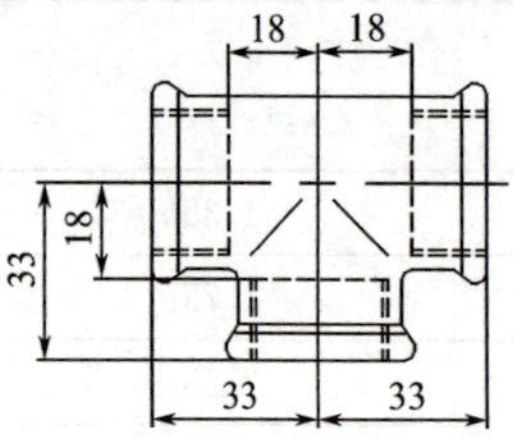 镀锌等径三通 $DN20$	$z=18$	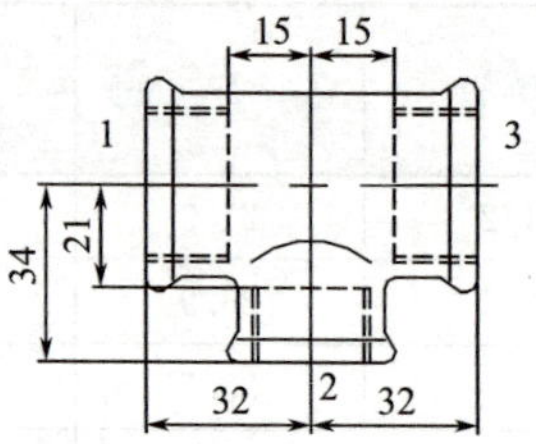 镀锌异径三通 $DN25 \times DN15$	$z_1=15$ $z_2=21$
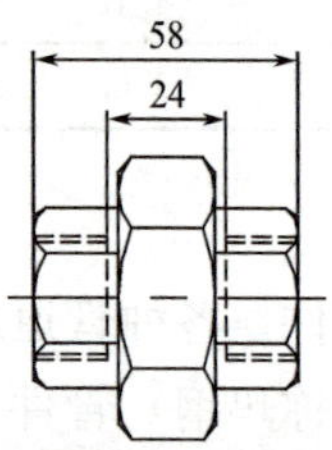 镀锌活接头 $DN25$	$z_1=24$	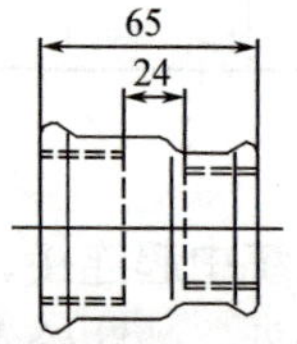 镀锌异径接头 $DN50 \times DN25$	$z_2=24$
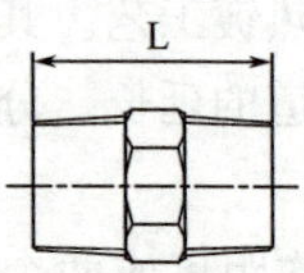 镀锌外牙直接 $DN15(L=44)$、$DN20(L=47)$、$DN25(L=53)$			

任务 3.2　消防给水系统的安装

3.2.1　绘制消防给水系统图并编制消防给水管路材料清单

1. 绘制消防给水系统图

消防给水系统施工图一般由设计施工说明、消防给水平面图、消防给水立面图、消防给水系统图、详图等几部分组成。

（1）消防给水系统施工图的识读

消防给水施工图的识读方法与生活给水施工图的识读方法基本相同。

竞赛任务书提供"实训装置"立面图、A-A 平面图、B-B 平面图、C 向视图等 4 张图纸（附图 1～附图 4），消防给水系统图需要选手自绘。任务书中有关消防给水系统安装的说明类似于"设计施工说明"，选手应仔细阅读。

（2）绘制消防给水系统图

【工作任务】根据提供的给水排水平面图和立面图（附图 1～附图 3），结合设备实物手绘完成消防给水系统图。

完成的消防给水系统图如图 3-6 所示。

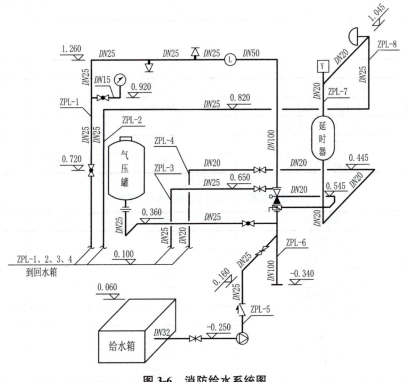

图 3-6　消防给水系统图

2.编制消防给水管路材料清单

【工作任务】按照附图1～附图3，编制消防给水管路材料清单，包括：①水流指示器至末端试水阀之间管路材料清单；②报警管路延时器排水管路材料清单；③报警管路延时器出水管路材料清单；④气压罐至湿式报警阀上游之间管路材料清单。

选手应先在识读附图1～附图3基础上绘制出消防给水系统图，然后按给水水流方向从管端出水口至回水箱的顺序计算管道长度、管件个数，最后归类汇总。

完成的消防给水管路材料清单见表3-4～表3-7。

水流指示器至末端试水阀之间管路材料清单 表3-4

序号	材料名称	规格	单位	数量
1	镀锌钢管	$DN25$	m	1.50
2	镀锌90°弯头	$DN25$	个	1
3	镀锌外牙直接	$DN25$	个	1
4	镀锌异径接头	$DN50 \times DN25$	个	1
5	玻璃球洒水喷头	ZSTX-15 下垂型 68℃温级 ZSTZ-15 直立型 68℃温级（根据图纸）	个	2（根据图纸）
6	黄铜球阀	$DN25$	个	1
7	短柄球阀	$DN15$	个	1
8	镀锌异径三通	$DN25 \times DN15$	个	3
9	不锈钢弯头或镀锌90°弯头	$DN15$	个	1
10	不锈钢外牙直接或镀锌外牙直接	$DN15$	个	1
11	耐震压力表	YN60(0～2.5MPa)	个	1

报警管路延时器排水管路材料清单 表3-5

序号	材料名称	规格	单位	数量
1	镀锌钢管	$DN20$	m	1.50
2	镀锌90°弯头	$DN20$	个	2
3	镀锌90°异径弯头	$DN20 \times DN15$	个	1
4	黄铜闸阀	$DN20$	个	1
5	镀锌外牙直接	$DN15$	个	1

报警管路延时器出水管路材料清单 表3-6

序号	材料名称	规格	单位	数量
1	镀锌钢管	$DN20$	m	0.60
2	镀锌钢管	$DN25$	m	2.00
3	镀锌三通	$DN20$	个	1
4	镀锌外牙直接	$DN20$	个	1
5	镀锌90°弯头	$DN25$	个	2
6	镀锌90°异径弯头	$DN20 \times DN15$	个	1
7	水力警铃	ZSJL 200	个	1
8	压力开关	ZSJY	个	1

气压罐至湿式报警阀上游之间管路材料清单　　　　表 3-7

序号	材料名称	规格	单位	数量
1	镀锌钢管	DN25	m	1.00
2	镀锌 90°弯头	DN25	个	2
3	黄铜球阀	DN25	个	1
4	镀锌外牙直接	DN25	个	1
5	镀锌活接头	DN25	个	1

3.2.2　镀锌钢管的加工与连接

【工作任务】完成以下消防给水管路部分的加工和安装：①水流指示器至末端试水阀之间管路；②报警管路的延时器排水管路；③报警管路的延时器出水管路；④气压罐至湿式报警阀上游之间管路。完成相应管路附件、阀件的安装。

安装完毕后应做水压试验，消防给水系统试验压力为 1.0MPa。其余未说明的事宜按《建筑给水排水及采暖工程施工质量验收规范》GB 50242—2002 和《自动喷水灭火系统施工及验收规范》GB 50261—2017 执行。

通过阅读任务书，识读和绘制消防给水系统施工图得知：消防给水系统采用使用镀锌钢管，螺纹连接，主要管材规格为 DN25、DN20 和 DN15。

1. 镀锌钢管的切割

（1）管段的下料长度

可锻铸铁管件的安装尺寸"z"是非常重要的参数，可用作安装期间的帮助和指导，理解并熟记常用规格管件的安装尺寸（表 3-3）有助于快速确定下料长度。如图 3-7 所示。

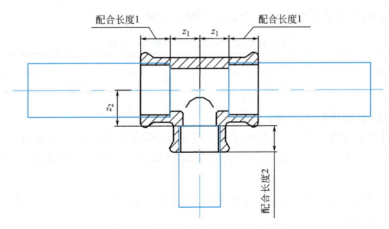

图 3-7　安装尺寸"z"和配合长度

这些安装尺寸给出的是端面到端面或端面到中心的尺寸减去配合长度计算得到，配合长度见表 3-8。

管件规格	DN15	DN20	DN25	DN32	DN40	DN50
配合长度	13	15	17	19	19	24

可锻铸铁管件安装尺寸（单位：mm）　　　　　表3-8

（2）管子台虎钳

管子台虎钳也称管台钳、龙门轧头、龙门钳、管子压力钳，是常用的管道工具，用于夹稳金属管，进行铰制螺纹，切断及连接管子等作业。

管子台虎钳结构如图3-8所示，其固定钳口由两个V形齿块组成用螺栓与底座固定，活动钳口是一个倒V形齿块用螺栓与压板紧固。钳架的一边用螺栓与底座固定连接在一起，另一边则是活动的，须用拉钩钩在底座上，方能使之固定。手柄带动丝杠旋转，使得压板在钳架导轨上作上下移动，活动钳口就随压板作上下相应的移动，移动的距离就是钳口的开口尺寸。

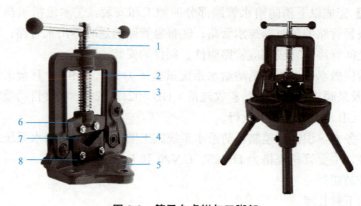

图3-8　管子台虎钳与三脚架

1—丝杠；2—导轨；3—钳架；4—拉钩；5—底座；6—压板；7—活动钳口；8—固定钳口

管子台虎钳的规格（号数）表示钳口的最大开口尺寸，常用管子台虎钳的规格见表3-9。"实训装置"选用3号管子台虎钳，安装在三脚架上使用。

常用管子台虎钳的规格（单位：mm）　　　　　表3-9

规格(号数)	1	2	3	4
钳口开口尺寸	10～60	10～90	15～115	15～165

管子台虎钳在使用时需注意：

① 夹持管件要松紧适当，只能用手扳紧手柄，不能借助其他工具加力，加力要平缓，不可用冲击力；夹持管件一定要牢靠，在作业时使钢管不能转动，避免损伤钢管表面的镀锌层。

② 装夹工件时，不得将与钳口尺寸不相配的工件上钳口，对于过长的工件，必须将其伸出部分支撑稳固。

③ 丝杠和导轨滑道应经常加油，确保压板能沿导轨上下自由移动。

④ 使用完毕，应擦净油污，合上钳口；长期不用时，应涂油存放。

（3）管子割刀及修毛刺器

镀锌钢管可采用管子割刀或手工锯进行断割。管子割刀是切割各种金属管子用的一种手用工具，通常用于切断管径100mm以内的钢管。割刀头部是割轮，是工具合金钢制成的刀片；滚轮连同滑动支座可随着丝杠转动而沿着导轨移动。

用管子割刀割管比手锯要快些，但管口会因挤压变形而产生毛刺，造成管道截面积缩小，影响供水。通常可采用圆锉或三棱刮刀清除管口毛刺，也可用专门的修毛刺器去毛刺。管子割刀和修毛刺器如图3-9所示。

3.2
钢管割刀
及切割

管子割刀以刀型（号）来确定其规格，割轮（刀片）是损耗件，建议按规格多备一些。常用管子割刀的规格见表3-10。

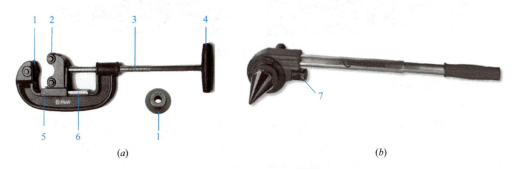

图3-9　管子割刀和修毛刺器

（a）管子割刀；（b）修毛刺器

1—割轮（刀片）；2—滚轮；3—丝杠；4—手柄；5—滑动支座；6—导轨；7—正反向棘轮

常用管子割刀的规格（单位：mm） 表3-10

规格（号数）	割管范围	割轮直径	割轮孔径	滚轮直径
2	12～50	36	9	27
3	25～75	40	10	32

管子割刀切割加工正确操作步骤如下：

① 根据所切镀锌钢管的管径选择合适的割刀，检查割轮（刀片）、丝杠的完好情况。

② 对管材外观质量进行检查，确认好加工尺寸，用记号笔在管段上作好切割标记。

③ 打开管子台虎钳，将所割管子夹持牢靠，切割标记应伸出台虎钳150～200mm，如果所割管子较长，或掉头装夹，或进行辅助支撑。

④ 一只手端割刀，另一只手旋转手柄，打开割刀，使开口合适可以跨过管身；旋转手柄初步压紧滚轮，使割轮刀刃对准切割标记，轻划一圈；然后给所割管子表面和割刀活动部位加机油进行润滑、冷却。

⑤ 切割时，管子应夹持牢固，割轮和滚轮与管子垂直。初割时进刀时可稍大一些，以后每次进刀量逐渐减小。每次进刀，割轮的转动方向与开口方向一致，如图3-10所示。不能倒转，用力要均匀，不可过猛，割刀不可左右摇动。进刀深度每次不超过丝杠半转为宜，割刀每转一周加一次力，酌情加机油一次。

⑥ 管子即将割断时，用力要轻，一只手扶住管件，慢慢割下。

割断后需用修毛刺器去除毛刺，最后管段外表无损伤，端口平整，无变形、无毛刺为合格。

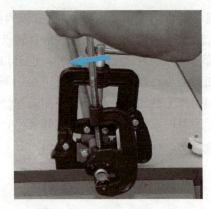

图 3-10　割刀运转方向

2. 镀锌钢管的连接

（1）螺纹

镀锌钢管螺纹连接采用《55°密封管螺纹》GB/T 7306—2000，设计牙型分为圆柱内螺纹（螺纹特征代号：R_p）和圆锥外螺纹（螺纹特征代号：R_1），如图 3-11 所示。管道一般为圆锥外螺纹，管箍、阀门等多为圆柱内螺纹，也可采用圆锥内螺纹。

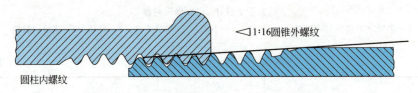

图 3-11　圆柱内螺纹（R_p）和圆锥外螺纹（R_1）

当管道连接采用55°密封管螺纹时，螺纹连接部位可采用聚四氟乙烯带（俗称生料带）密封，生料带应在外螺纹上施加。

此外，我国管螺纹标准还有《55°非密封管螺纹》GB/T 7307—2001，螺纹特征代号：G。此螺纹副不具有密封性，若要达到密封目的，应采取其他密封结构，如端面密封等。

（2）管子钳

管子钳是一种用来夹持和旋转钢管类的工具。它的工作原理是：管子钳钳口之间通常有3°～8°的锥度，用钳口的锥度增加扭矩，从而咬紧管状物，能自动适应不同的管径，自动适应钳口对管施加应力而引起的塑性变形，将钳力转换成扭力，保证扭矩，不打滑。

管子钳规格参数见表 3-11，其结构如图 3-12 所示。"实训装置"配备 14″ 和 18″ 两种规格的管子钳。

管子钳规格参数　　表 3-11

规格（in）	总长度（mm）	最大夹持管径（mm）
10	250	30
12	300	40
14	350	50
18	400	60

图 3-12　管子钳结构

1—调节螺母；2—活动钳口；3—固定钳口

管子钳使用注意事项：

① 要选择合适规格管子钳。

② 先将钳口开口打开到工件直径，再把钳口卡紧工件，最后再用力扳动。

③ 扳动手柄时，注意承载扭矩，不能用力过猛，防止过载损坏，防止打滑伤人。

④ 管子钳钳口和调节螺母要保持清洁。

⑤ 管子钳不能作为锤头使用，不能夹持温度超过 300℃ 的工件。

（3）管子铰板

管子铰板又称代丝，是用来铰制金属管外螺纹（俗称套丝）的主要工具。常用手工管子铰板类型有两种，一种是普通式铰板，机头可以更换板牙，一副板牙可以套两种规格管螺纹；另一种是轻便式铰板，牙模头的板牙是固定的，管径不同就要换牙模头。

1）114 型重型铰板（普通式铰板）

114 型重型铰板也称 2″ 管子铰板，配三副不同规格的板牙，是能铰制 $DN15$、$DN20$、$DN25$、$DN32$、$DN40$、$DN50$ 管螺纹。

套丝时，先根据管径选取板牙，每副板牙有四个牙块，分别刻有 1～4 的序号。安装板牙时，应将铰板两条"A"刻度线对正，然后将牙块按序号 1、2、3、4 号依次装入机头对应的四个牙槽内。

套丝时，进刀量不宜太深，一般要分 2～3 板（粗套、深套、三套）铰制成型，每板都应调节表盘位置。

114 型重型铰板如图 3-13 所示，板牙规格和套丝范围见表 3-12。

> 3.3
> 114型铰板
> 的使用

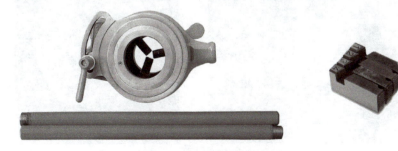

图 3-13　114 型重型铰板和板牙

管子铰板板牙规格和套丝范围 表3-12

类型	型号	管螺纹种类	板牙规格(in)	套丝范围
普通式	114	55°圆锥管螺纹	½、¾	DN15、DN20
			1、1½	DN25、DN32
			1¾、2	DN40、DN50

3.4
Q74型铰板及套丝操作

2）Q74-1型轻型铰板（轻便式铰板）

轻便式铰板，常见的型号有Q74-1型轻型铰板，用于铰制55°圆锥管螺纹，其特点是轻、小、灵便，螺纹可一次性铰制。每套配1/2″、3/4″、1″板牙，如图3-14所示。

图3-14 Q74-1型轻型铰板

Q74-1型轻型铰板套丝操作步骤：

① 把工件固定在管台钳上，需要套丝的一端应伸出150～200mm，将铰板推入管内。

② 人站在管端前方左手扶住牙模头用力向前推，如图3-15（a）所示，右手以顺时针方向转动把手，在板牙吃进管道一圈后，可松开左手，靠板牙上的纹路自行进给。

③ 当板牙铰制2扣时，在切削端加上机油以润滑冷却板牙，然后人站在右侧继续均匀用力旋转板把，使板牙徐徐推进，套丝过程中要经常加注机油，以润滑和冷却。

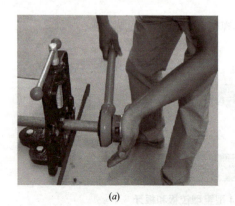 

（a） （b）

图3-15 铰制螺纹
（a）开牙；（b）套丝结束状态

④ 当管道的边缘与板牙末端相平齐时，如图 3-15（b）所示，停止套丝，此时将换向棘轮调为反转，慢慢将牙模头退出管道。

⑤ 用其他管件轻轻敲击工件，振落残留在丝扣上的切屑，必要时用钢丝刷进一步清理螺纹，最后检查螺纹质量，完成套丝操作（如有后续管件连接操作，就无需从管台钳上卸下工件）。

合格的铰制螺纹应呈锥状，丝扣整洁、清楚、光滑，不得有毛刺和乱丝，断丝和缺丝的总长度不得超过全长的 10%，并在纵方向上不得有断缺现象，用标准件试装，手动拧入长度约为 4～5 扣，用工具拧入后应外露 2～3 扣。

铰板在铰制第一圈丝扣（俗称"开牙"）时，一般不易成功，需要多次练习获得一定的手感并掌握一定的技巧。如果多次开牙不成功，会造成管端变"毛"，此时只能切割此段后再次套丝。"开牙"操作如图 3-15（a）所示。

铰板在使用后需及时去除板牙上的切屑、油污等，擦拭干净后存放。较长时间不用，则应拆下板牙清洗后涂黄油保养，防止生锈，以延长使用寿命。

Q74-1 型轻型铰板板牙也是损耗品，更换时须一副四块板牙同时换。板牙上印有 1、2、3、4 号码，由于生产单位不同，有顺时针或逆时针方向两种排列，如换装板牙后难以工作，可将板牙相对两块 1、3 或 2、4 交换位置即可。换装好新板牙后要先用同规格管子螺纹扩张板牙，最后再旋紧盖板螺钉。

（4）管道的连接

管道连接就是按照设计、施工图纸和有关规范的要求，将管道与管道或管道与阀门、附件等连接起来，形成一个严密的整体，以满足使用的目的。施工中应根据管材、管径、壁厚、用途、工艺要求以及现场的具体条件等情况，在不同的连接方法中加以选用。

"实训装置"消防给水管道中设计了三种连接方式：镀锌钢管的螺纹连接、活接头连接、湿式报警阀组的法兰连接。

1）螺纹连接

螺纹连接是用管子的外螺纹与管件的内螺纹，中间充塞填料，使之严密地拧接在一起。管子外螺纹带有锥度，可以使螺纹越旋越紧，如图 3-16 所示。

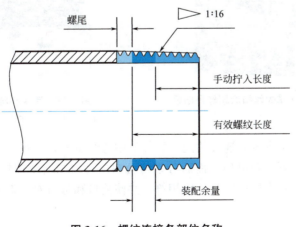

图 3-16　螺纹连接各部位名称

管子外螺纹拧入管件的螺纹深度称为有效螺纹长度，它是连接质量（尺寸和密封性能）的关键影响因素。管子拧入管件的螺纹深度见表3-13，实际施工时因管子直径及螺纹的松紧不同，实际拧入长度与表中数值会有出入。当管子与阀门相连时，管子拧入阀门的最大长度可在阀门上直接量出。

管子拧入管件的螺纹深度（有效螺纹长度）　　　　　　　表 3-13

公称直径 DN（mm）	15	20	25	32	40	50
拧入深度（mm）	10.5	12	13.5	15.5	16.5	17.5

填料的作用是密封、养护接口，便于维护检修时拆卸。常用的填料有铅油麻丝填料、一氧化铅和甘油调和物填料、聚四氟乙烯生料带等，需根据不同的使用场合选择使用。"实训装置"螺纹连接均选用聚四氟乙烯生料带作为填料。

连接前先清除外螺纹管端上的污染物、铁屑等，将生料带从管口开始沿螺纹方向（顺时针）进行缠绕。缠绕量要适中，过少起不了密封作用；过多则造成浪费，如挤入管腔会堵塞管路。缠好后能用手拧入 2～3 扣为宜，再用管钳一次性将管件拧紧，拧紧后的管口应有 2～3 扣丝，俗称"上三、拧四、外留二"。

用管钳拧紧管件一般不要倒回反复拧，否则容易引起渗漏；也不得用力过猛，以免拧裂。当螺纹拧紧后要用锯条将多余生料带清除，以使接口清洁美观。随后，应将外露的丝扣涂刷红丹防锈。红丹涂刷宽度一致，涂层均匀，无流淌、漏涂现象。如图 3-17 所示。

2）活接头连接

为便于管道的拆卸，可采用活接头连接方式，是一种较理想的可拆卸的活动连接。如图 3-18 所示，活接头由公口、母口和套母三部分组成，水流方向应从活接头的公口到母口方向，公口连接时还要加垫圈。

图 3-17　螺纹连接外露的丝扣涂刷红丹防锈

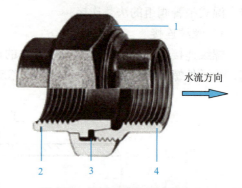

图 3-18　活接头结构及安装方向
1—套母；2—公口；3—垫圈；4—母口

安装时，先将活接头所要连接的两个管件的中心线重合，再把套母放在公口一端，并使套母带内螺纹的一侧对着母口。而后分别将公口、母口与所要连接的两个管件连接好。在公口上加上垫圈，其内外径应与插口相符，并使公口和母口对正对平，最后用套母连接公口和母口且锁紧。

3）法兰连接

法兰连接是将管道的连接件法兰盘在螺栓、螺母（紧固件）的紧固下，压紧两片法兰盘之间的垫片，使管道连接起来的一种连接方式。

自动喷水灭火系统的湿式报警阀通常安装在建筑物底层或地下控制室，其环境温度不低于4℃，不会造成冰冻，报警阀安装高度距地面宜为1.2m，两侧距离不少于0.5m，正面距墙1.2m，以便操作，安装应按规定进行。

"实训装置"中的法兰连接主要在湿式报警阀的上下端。湿式报警阀型号为ZSFZ100，连接参数见表3-14。法兰连接时，中间要放一块法兰垫片，法兰垫片要居中，然后穿上相应的螺栓，在打紧螺母时，采用对角的方式逐渐打紧螺丝，"实训装置"的法兰连接有8颗螺栓，螺栓紧固顺序如图3-19所示。注意：法兰螺栓穿入法兰盘圆孔时，各螺栓的穿入方向应一致，穿入后用手带上平垫圈、弹簧垫圈、螺母直至手拧不动时为止，紧螺栓时用扳手加力，加力应对称进行，以保证法兰不变形。拧紧后螺杆露出螺母的长度不超过5mm。

型号	公称通径（mm）	额定工作压力（MPa）	法兰连接参数(mm)			重量(kg)
			外径	螺孔中径	连接螺栓	
ZSFZ100	100	1.2	220	180	8×M16	32.5
ZSFZ150	150	1.2	285	240	8×M20	61

常用湿式报警阀的规格参数　　表3-14

法兰连接的密封性是一个综合性的问题，它不仅与法兰的强度有关，而且与法兰的刚度以及法兰的密封面结构、垫片性质、螺栓直径与个数等因素有关，且还与连接工艺操作有关。平时拆装练习时还需特别注意是：法兰垫片为一次性使用，不能反复使用。

湿式报警阀法兰连接安装效果图如图3-20所示。

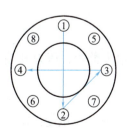

图3-19　法兰连接螺栓紧固顺序

图3-20　湿式报警阀法兰连接安装效果图

【练习】根据图3-21完成下列练习：①列出所需工具、材料清单；②完成"口"字形镀锌钢管的加工和连接；③试压。

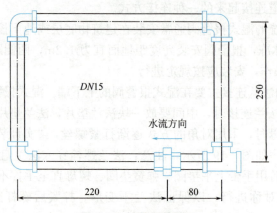

图 3-21 镀锌钢管练习

镀锌钢管练习评分表 表 3-15

序号	评分项	配分	得分	扣分说明
1	工具、材料清单	10		
2	水压试验 1.0MPa	10		
3	工件尺寸 ±3mm	30		
4	螺纹加工正确	5		
5	管路平整	10		
6	管路垂直	10		
7	外露丝扣、麻丝	10		
8	管路外观保护	5		
9	场地整洁	5		
10	安全、卫生	5		
	合计：	100		

3.2.3 消防系统附件的安装

【工作任务】完成消防系统的水流指示器、延时器、水力警铃、压力开关、喷淋水泵等报警阀组和附件的安装。

1. 水流指示器的安装

"实训装置"采用的水流指示器为 ZSJZ/A 型，规格：DN50，灵敏度：15～37.5L/mim。水流指示器必须垂直安装在水平管段上，水流指示器上标记方向应与水流方向一致，不得装反和偏斜。水流指示器安装位置前后必须保证有 5 倍管径的直管段，采用机械三通连接方式，安装前先在系统水平管道上的预定位置开孔，开孔直径 $\phi38$。水流指示器接线安装见项目 6。

水流指示器安装效果图如图 3-22 所示。

图3-22　水流指示器安装效果图

水流指示器应定期检查和调试，可打开分区的末端试验装置，放水进行模拟试验，检查水流指示器是否动作，若发现故障，应分别检查水流指示器及报警装置，排除故障，使系统处于伺服状态。

2. 消防报警延时器的安装

ZSPY型延时器是一种罐式容器，是湿式报警阀组的组成部件之一。延时器安装于水力警铃与报警阀之间，避免因水流波动而产生误报警。其原理是：

当水源压力瞬间波动较大时，可能引起湿式报警阀阀瓣短暂开启，水则从报警口流入延时器，然后从延时器下部溢流孔排出，从而避免了水力警铃误报警。只有当失火时，喷头和报警阀打开后，水流不断流入延时器，此时延时器的排水量小于进水量，延时一段时间，水流淹过延时器后从其顶部排水孔流出，以一定速度和压力启动水力警铃和压力开关，发出声、电报警信号。

"实训装置"选用ZSPY延时器，本体为不锈钢罐式容器，容积4L，上端口管径$DN20$与水力警铃处管道相接，下端口管径$DN20$与连接三通相接，在连接三通上有进水口、溢流孔、排水口。

3. 消防水力警铃的安装

"实训装置"选用ZSJL200型水力警铃，它是一种由水流驱动的机械报警器。当系统启动灭火时，水流冲击叶轮旋转，从而带动警锤，自动地发出连续响亮的报警声，从而达到报警的功能。其宜安装在经常有人员经过的地方，与报警阀连接的管径为$DN20$，距报警阀长度不大于20m，高度不大于5m。

ZSJL200型水力警铃右侧为进水口，管径$DN20$，下方为排水口，管径$DN25$，如图3-23所示。安装时螺纹接口处要防止漏水，排水口处接入排水管道。

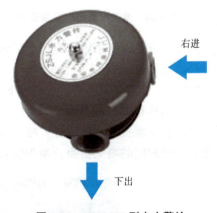

右进

下出

图3-23　ZSJL200型水力警铃

应每月检查水力警铃一次。可打开试警铃球阀，若无报警铃声可检查过滤器及进水口有否脏物及报警阀阀座进水小孔等，采取措施排除，若仍无响声，应拆开水力警铃检查，更换损坏零件。

4. 压力开关的安装

"实训装置"选用ZSJY型压力开关，它是自动喷水灭火系统一个重要配套件，可启动自动喷水灭火系统的电警铃和报警控制器。其原理是当报警控制阀阀瓣开启后其中一部分压力水经报警管进入压力开关阀体内，膜片受压后触点闭合发出电信号输入报警控制器，从而启动消防泵。

压力开关应垂直安装在延迟器之后和水力警铃之前支管旁通管道上，安装时壳体应保持干燥、清洁，接线牢固，以免动作失误。压力开关一般在出厂前已进行启动压力调节，使用中不要再调节启动压力。它作为水-电转换装置，在系统安装完毕后，应对其进行联动调试开通。

应定期进行检查压力开关，保证本开关始终处于良好的工作状态。

湿式报警阀组（湿式报警阀、延时器、水力警铃、压力开关）安装效果图如图 3-24 所示。

5. 喷淋水泵的安装

"实训装置"喷淋水泵选用 MHI403-1 增压泵，如图 3-25 所示。其主要参数为：管径为 $DN25$，扬程33m，流量为8t/h，输出功率0.55kW，交流电压380V。主要部件采用304不锈钢材质制造，不易生锈，结构形式为多级离心式叶轮，扬程高。

图 3-24　湿式报警阀组安装效果图

图 3-25　MHI403-1 增压泵

其安装方式为：采用从上向下穿螺丝固定的。接线见项目6。

6. 喷头的安装

"实训装置"选用的是直立型或下垂型68℃温级玻璃球洒水喷头。

安装前检查喷头的型号、规格、使用场所应符合设计要求。喷头安装应使用专用扳手，严禁利用喷头的框架施拧；喷头的框架、溅水盘产生变形或释放原件损伤时，应采用规格、型号相同的喷头更换。喷头安装效果图如图 3-26 所示。

图 3-26　喷头安装效果图

3.2.4　消防给水系统施工质量验收评估

消防给水工程的验收应依据《建筑给水排水及采暖工程施工质量验收规范》GB 50242—2002 和《自动喷水灭火系统施工及验收规范》GB 50261—2017 进行。

1. 消防给水系统安全和功能验收

"实训装置"消防给水系统安全和功能验收是指镀锌钢管管路的压力试验。试压应符合相关规范规定或竞赛文件中的指定要求。

（1）水压试验的步骤

水压试验的步骤同"项目 2 生活给水系统的试压"。

（2）水压试验质量要求

《自动喷水灭火系统施工及验收规范》GB 50261—2017 规定当系统设计工作压力不大于 1.0MPa 时，水压强度试验压力应为设计工作压力的 1.5 倍，并不应低于 1.4MPa；当系统设计工作压力大于 1.0MPa 时，水压强度试验压力应为设计工作压力加 0.4MPa。

水压强度试验的测试点应设在系统管网的最低点。

水压严密性试验应在水压强度试验和管网冲洗合格后进行。试验压力应为设计工作压力，稳压 24h，应无泄漏。

"实训装置"检查方法为：消防给水系统试验压力为 1.0MPa，管道系统在试验压力下观测 10min，压力降不大于 0.1MPa，且不渗不漏为合格。

水压试验合格后，应填写水压试验记录表，见表 3-16，资料应签字归档。

自动喷水灭火系统试压记录表　　　　　　　　　　　　表 3-16

管段号规格	材质	设计工作压力（MPa）	温度（℃）	强度试验			
				介质	压力(MPa)	时间(min)	结论意见
确认安装检查结果	竞赛小组成员						
	裁判员：				年　　月　　日		

2. 观感质量验收

消防给水系统观感验收质量应符合下列要求：

① 给水水平管道应有 2‰～5‰ 的坡度坡向泄水装置。检查方法：水平尺和尺量检查。

② 给水管道和阀门安装的允许偏差。镀锌钢管水平管道纵横方向弯曲允许偏差为 1.0mm/m，立管垂直度允许偏差为 3mm/m。检验方法：用水平尺、直尺、拉线和尺量检查。

③ 管道接口外露丝扣 1～2 扣，外露填料（生料带）须清理干净。检查方法：观察。

④ 管道的支、吊架（"实训装置"中为固定管卡）安装应平整牢固，间距应符合设计

或规范要求。检查方法：观察、尺量和手扳检查。

> **技能拓展**

★ 热镀锌钢管与冷镀锌钢管的区别

镀锌钢管俗称白铁管，非镀锌钢管俗称黑铁管。镀锌钢管内外壁镀上一层锌保护层，镀锌量大于 $500g/m^2$，镀锌钢管较非镀锌钢管重 $3\%\sim6\%$。

锌（Zn）较铁（Fe）有着更负的电极电位，当锌和铁构成微电池时，锌为阳极、铁为阴极，在受到腐蚀时，锌溶解而铁不受损害，故锌镀在铁上起到牺牲阳极的作用。

热镀锌管是使熔融金属与铁基体反应而产生合金层，从而使基体和镀层二者相结合。热镀锌是先将钢管进行酸洗，为了去除钢管表面的氧化铁，酸洗后，通过氯化铵或氯化锌水溶液或氯化铵和氯化锌混合水溶液槽中进行清洗，然后送入热浸镀槽中。热镀锌具有镀层均匀、附着力强、使用寿命长等优点。

冷镀锌就是电镀锌，其镀锌量很少，只有 $10\sim50g/m^2$，其本身的耐腐蚀性比热镀锌管相差很多。正规的镀锌管生产厂家，为了保证质量，大多不采用电镀锌（冷镀）。只有那些规模小、设备陈旧的小企业采用电镀锌，当然其价格也相对便宜一些。住房和城乡建设部已正式下文，淘汰技术落后的冷镀锌管，今后不准用冷镀锌管作水、煤气管。

生活热水系统的安装

教学目标

1. 知识目标

（1）了解生活热水水质的要求，了解热水供应系统的分类以及局部热水供热系统的组成；

（2）了解 PP-R 管及其配套管件、附件的种类、规格、表示方法；

（3）熟练识读生活热水系统施工图，计算生活热水管路材料清单；

（4）掌握 PP-R 管的切割及热熔连接的方法，理解管道布置及敷设的基本知识，了解热水管道的保温方法。

2. 能力目标

（1）能根据工程设计要求正确选用冷热水用 PP-R 管；

（2）能熟练绘制生活热水系统图，快速计算生活热水管路材料清单；

（3）能进行 PP-R 管的切割及热熔连接，正确安装截止阀，能正确选用保温材料并对管道进行保温；

（4）能组织生活热水系统施工质量的验收和评定。

思维导图

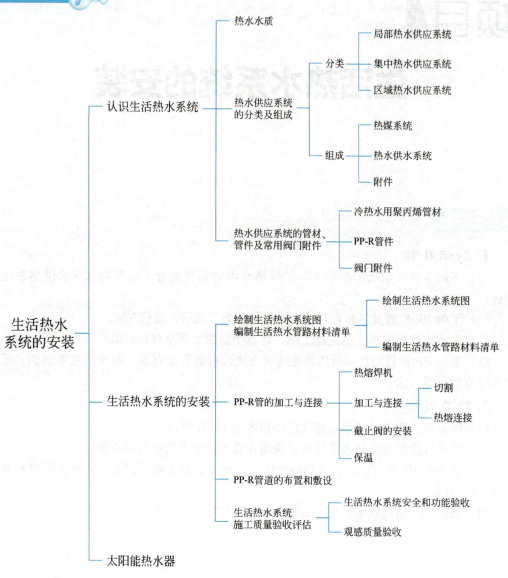

引文

　　建筑内部热水供应系统是指热水制备、输配和储存的总称，其任务是按水量、水温和水质的要求，将冷水加热并贮存于热水储水器中，通过输配管网供应至热水用户，满足人们生活和生产中对热水的需求。

　　热水供应系统按热水的供应范围可分为局部热水供应系统、集中热水供应系统和区域热水供应系统等。

　　"THPWSD-1A 型给排水设备安装与调控实训装置"采用电加热锅炉在用水点就地加热，供小范围内一个至几个配水点使用，是一种局部热水供应系统。

认识生活热水系统

4.1.1　热水水质

生活热水的水质应符合我国现行的《生活饮用水卫生标准》GB 5749—2006 要求。

硬度过高的水加热后，水中钙、镁离子会受热析出，附着在设备和管道表面形成水垢，降低管道输水能力和设备的导热系数；同时水温升高，水中的溶解氧也会受热逸出，增大水对设备或管道的腐蚀性。因此在热水供应系统中应根据水质、水量、水温、设备的类型、使用要求、管理制度、工程投资等因素，来确定原水（冷水）是否需要进行水质处理。

一般生活热水当日用水量（按 60℃计）≥10m³ 且原水总硬度（以碳酸钙计）＞300mg/L 时，宜进行水质软化或阻垢缓蚀处理。经软化处理后的水质总硬度宜控制在75~150mg/L。

生活热水的原水软化处理，常采用离子交换法，可按比例将部分软化水与原水混合后使用，也可对原水全部进行软化处理。该处理方式适用于对热水水质要求高、维护管理水平高的高级宾馆等场所。

此外，除氧处理也可用于改善热水水质，其原理为利用除氧装置，减少水中的溶解氧，如热力除氧、真空除氧、解析除氧、化学除氧等。目前该处理方式仅在一些热水用量较大的高级宾馆等建筑中使用。

4.1.2　热水供应系统的分类及组成

1. 热水供应系统的分类

热水供应系统按热水的供应范围可分为局部热水供应系统、集中热水供应系统和区域热水供应系统等。

（1）局部热水供应系统

采用小型加热器在用水点就地加热，供小范围内一个至几个配水点或供应一至两户人家或一层用户的热水供应系统称为局部热水供应系统，又称独立热水供应系统。常用的加热设备有电加热器、燃气热水器、燃气壁挂炉、太阳能热水器及空气能热水器等。

局部热水供应系统的主要特点是：

① 加热设备分散布置，在用水点或用水点附近就地加热，热水管道短或无热水管道，热损失小。

② 加热设备由使用者自己控制，使用灵活，容易得到所需要温度的热水。

③ 加热器的热媒，通常是燃气或电力，设备紧凑，体积小。

④ 当加热器设置数量多时，造价较高，维修管理困难，且应有可靠的安全措施。

局部热水供应系统，适用于建筑内用水量小、用水点分散或对热水水温有特殊要求的场所，以及无集中热水供应系统，建筑物要有足够的燃气或电力供应。如一般单元式居住建筑的厨房和浴室、公共建筑的饮水处等。

（2）集中热水供应系统

冷水在锅炉房或热交换站集中加热后，通过热水管网输送到单幢或几幢建筑的热水供应系统称为集中热水供应系统。

集中热水供应系统适用于热水用量较大、用水点比较集中的建筑，如高级宾馆、医院、公共浴室、疗养院、体育馆等公共建筑和用水点布置较集中的工业建筑等。

（3）区域热水供应系统

在热电厂或区域锅炉房将水集中加热后，通过城市热力管网输入到居住小区、生产企业及单位的热水供应系统称为区域热水供应系统。

区域热水供应系统一般用于城市片区、居住小区的人口密集建筑群，目前在发达国家应用较多。

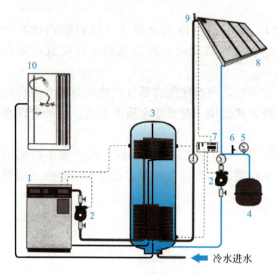

图 4-1　局部热水供应系统
1—锅炉；2—循环泵；3—换热水箱；4—膨胀罐；
5—压力表；6—安全阀；7—温差控制器；8—太阳
能集热器；9—自动排气阀；10—热水配水点

2. 热水供应系统的组成

热水供应系统的组成因建筑类型和规模、热源情况、用水要求、加热和贮存设备的供应情况、建筑对美观和安静的要求等不同情况而异。如图 4-1 所示的局部热水供应系统，其主要由热媒系统、热水供水系统、附件三部分组成。

（1）热媒系统（第一循环系统）

热媒系统由热源（锅炉）、水加热器（换热水箱）和热媒管网组成。由锅炉生产高温热水通过热媒管网送到换热水箱加热冷水，经过热交换后经循环泵再送回锅炉生产高温热水。

（2）热水供水系统（第二循环系统）

热水供水系统由热水配水管网和回水管网组成。被加热到一定温度的热水，从换热水箱出来经配水管网送至各个热水配水点，而换热水箱的冷水由高位水箱或给

水管网补给。

（3）附件

附件包括热水的控制附件及管道的连接附件。控制附件有温度调节器、减压阀、安全阀、自动排气、膨胀罐等，管道连接附件有管道伸缩器、闸阀、水嘴等。

4.1.3　热水供应系统的管材、管件及常用阀门附件

建筑内部热水供应系统一般是指工作压力不大于 1.0MPa、热水温度不超过 75℃ 的热

水供应系统。

热水供应系统管道应采用塑料管、复合管、镀锌钢管和铜管及其相应管件和配件。"THPWSD-1A 型给排水设备安装与调控实训装置"生活热水系统管材采用的是热水用无规共聚聚丙烯 PP-R 管材。

1. 冷热水用聚丙烯管材

聚丙烯管材按生产所用原料的不同分为 PP-H、PP-B、PP-R 管三类，其中最常见的 PP-R 管材其生产原料为无规共聚聚丙烯。

PP-R 管材按尺寸分为 S5、S4、S3.2、S2.5、S2 五个管系列。

生活热水系统工作压力为 0.4MPa，热水管路设计压力一般为工作压力的 2 倍，按设计温度 70℃ 使用寿命应满足 50 年的要求，根据《冷热水用聚丙烯管道系统》GB/T 18742—2017 生活热水系统 PP-R 管材应选用 S2.5 管系列。

PP-R 管材的优点：

① 耐腐蚀、不结垢、无毒、卫生性能好。

② 耐高温、保温性能好。

③ 内壁光滑、水流阻力小。

④ 质量轻、安装方便、可靠。

PP-R 管材也存在一些缺点，如耐压性、耐热性较金属管道差，配件价格较高。

（1）PP-R 管材规格

PP-R 管材规格用管系列 S、公称外径 dn×公称壁厚 en 表示，见表 4-1。

例：PP-R 管系列 S2.5、公称外径 20mm、公称壁厚 3.4mm。

表示为：S2.5 dn20×en3.4mm

管系列 S 和规格尺寸　　　　　　　　　　　　　　　表 4-1

公称外径 dn（mm）	管系列				
	S5	S4	S3.2	S2.5	S2
	公称壁厚 en（mm）				
20	2.0	2.3	2.8	3.4	4.1
25	2.3	2.8	3.5	4.2	5.1
32	2.9	3.6	4.4	5.4	6.5

注：习惯上常用 "de" 表示 PP-R 管的公称外径，以区别于其他塑料管道。

（2）PP-R 管材的技术要求

PP-R 管一般为灰色，其他颜色可由供需双方协商确定。外观要求管材的色泽基本一致。

管材内外表面应光滑、平整，无凹陷、气泡和其他影响性能的表面缺陷；管材不应含有可见杂质；管材端面应切割平整并与轴线垂直。

管材的长度一般为 4m 或 6m，也可以根据用户的要求由供需双方协商确定。管材长度不允许有负偏差。

管材的卫生性能应符合《生活饮用水输配水设备及防护材料的安全性能评价标准》GB/T 17219—1998 的规定。

2. PP-R 管件

"实训装置" PP-R 管件为热熔承插连接管件，管件按管系列 S 分类应选用与管材一致的管系列 S。

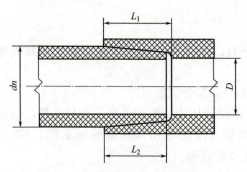

图 4-2 热熔承插连接管件承口

（1）管件技术要求

管件颜色根据供需双方协商确定。

管件表面应光滑、平整，不允许有裂纹、气泡、脱皮和明显杂质、严重的缩形以及色泽不均、分解变色等缺陷。

管件的卫生性能应符合《生活饮用水输配水设备及防护材料的安全性能评价标准》GB/T 17219—1998 的规定。

热熔承插连接管件的承口应符合图 4-2 和表 4-2 的规定。

热熔承插连接管件承口尺寸（单位：mm） 表 4-2

公称外径 dn	最小承口深度 L_1	最小承插深度 L_2	最小通径 D
20	14.5	11.0	13
25	16.0	12.5	18
32	18.1	14.6	25

（2）常用 PP-R 管件

常用 PP-R 管件规格见表 4-3，PP-R 管件内牙用 F 表示，外牙用 M 表示。

常见 PP-R 管件（以"实训装置"上所用管件为例） 表 4-3

名称	图示	规格	说明
90°弯头		$de20$	两端均接 $de20$ PP-R 管
三通		$de20$	三端均接 $de20$ PP-R 管
管帽		$de20$	用于 $de20$ PP-R 管的封堵
内牙直通		$de20×1/2F$ $de20×3/4F$	一端接 $de20$ PP-R 管，另一端接 1/2 外牙； 一端接 $de20$ PP-R 管，另一端接 3/4 外牙

续表

名称	图示	规格	说明
内牙弯头		$de20 \times 1/2$F	一端接 $de20$ PP-R 管，另一端接 1/2 外牙
内牙三通		$de20 \times 1/2$F	两端接 $de20$ PP-R 管，中间接 1/2 外牙
过桥弯	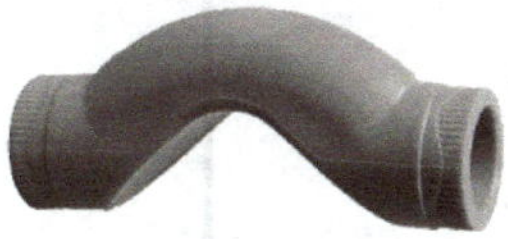	$de20$	两端均接 $de20$ PP-R 管
截止阀		$de20$	两端均接 $de20$ PP-R 管

3. 阀门附件

热水供应系统的阀门附件主要有自动温度调节器、疏水器、自动排气阀、减压阀、节流阀等。

① 自动温度调节器。用于自动调节进入水加热器的热媒量。

② 疏水器。用于自动排出管道和设备中的凝结水，同时又阻止蒸汽流失。

③ 自动排气阀。用于排出管道中的空气，保证管道内热水畅通。

④ 减压阀。通过调节，将进口压力减至某一需要的出口压力。

⑤ 节流阀。通过改变阀体内通道截面积来粗略调节压力或流量。

任务 4.2　生活热水系统的安装

4.2.1　绘制生活热水系统图并编制生活热水管路材料清单

1. 绘制生活热水系统图

热水给水系统施工图一般由设计施工说明、热水给水平面图、热水给水立面图、热水给水系统图、详图等几部分组成。

（1）生活热水系统图的识读

热水施工图的识读方法与给水施工图的识读方法基本相同。

竞赛任务书提供"实训装置"立面图、A-A 平面图、B-B 平面图、C 向视图等 4 张图纸（附图 1～附图 4），热水系统图需要选手自绘。任务书中有关生活热水系统安装的说明类似于"设计施工说明"，选手应仔细阅读。

（2）绘制生活热水系统图

【工作任务】根据提供的热水给水平面图和立面图（附图 1～附图 3），结合设备实物手绘完成生活热水系统图。

完成的生活热水系统图如图 4-3 所示。

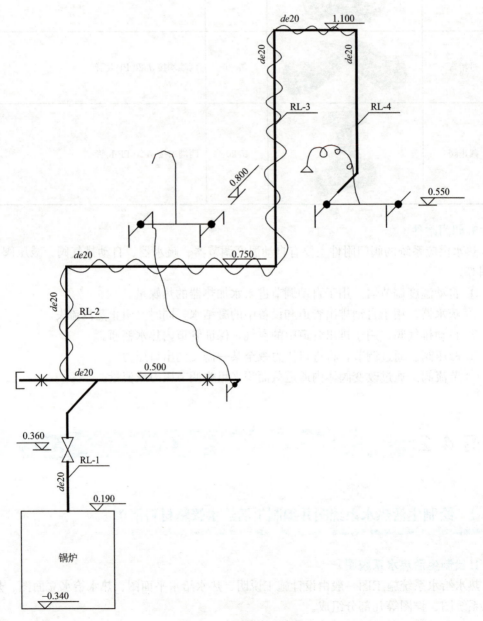

图 4-3　生活热水系统图

2. 编制生活热水管路材料清单

【工作任务】按照附图1～附图3，编制电热锅炉出水口至水龙头、淋浴器之间管路材料清单。

选手应先在识读附图1～附图3基础上绘制出生活热水系统图，然后按热水给水水流方向从电热锅炉出水口至用水设备水龙头、淋浴器的顺序计算管道长度、管件个数，最后归类汇总。

完成的生活热水管路材料清单见表4-4。

生活热水管路材料清单　　　　　　　　　　　　　　　　　　表4-4

序号	材料名称	规格	单位	数量 （不含升级包）	备注 （含升级包时）
1	PP-R 热水管	S2.5 de20	m	2	4
2	PP-R 内牙直通	S2.5 de20×3/4F	个	1	1
3	PP-R 截止阀	S2.5 de20	个	1	1
4	PP-R 90°弯头	S2.5 de20	个	1	6
5	PP-R 三通	S2.5 de20	个	1	2
6	PP-R 内牙弯头	S2.5 de20×1/2F	个	1	1
7	角阀	DN15	个	1	1
8	PP-R 管帽	S2.5 de20	个	1	1
9	PP-R 内牙三通	S2.5 de20×1/2F	个	1	—
10	外牙直接	DN15	个	1	1
11	黑色保温管	Φ20	m	2	4
12	编织软管	50cm	根	1	1
13	编织软管	80cm	根	1	1
14	PP-R 过桥弯	S2.5 de20	个	—	1
15	PP-R 内牙直通	S2.5 de20×1/2F	个	—	1

注：竞赛中标注规格时管系列"S2.5"可省略不写。

4.2.2　PP-R 管的加工与连接

【工作任务】完成整个热水锅炉出水至洗脸盆水龙头、卫浴单元混合淋浴水龙头之间管路的加工和安装，并采用橡塑海绵对洗脸盆角阀到混合淋浴水龙头之间进行保温，外部采用胶带有规律缠绕。其余未说明的事宜按《建筑给水排水及采暖工程施工质量验收规范》GB 50242—2002 执行。

通过阅读任务书，识读和绘制生活热水系统施工图得知：生活热水系统采用热水用无规共聚聚丙烯 PP-R 管，热熔连接，管材规格为 S2.5 de20。

1. PP-R 管热熔焊机

PP-R 管热熔焊机结构如图4-4所示，标配3组模头，可熔接 de20、de25、de32 三种管径的 PP-R 管。温度控制对热熔焊接质量很重要，不同产品的温控方式不尽相同，使用前需仔细阅读产品使用说明书。焊机的模头上有一层含有特氟龙的涂层，特氟龙是一种难粘材料，它能有效地防止 PP-R 管材在焊接时残留在模头上。

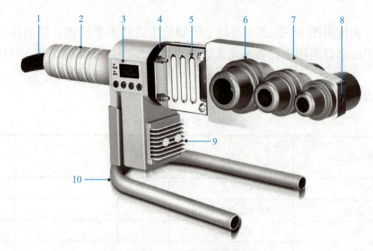

图 4-4　PP-R 管热熔焊机
1—防折护套；2—防烫手柄；3—数显屏幕；4—隔热板；5—散热板；6—模头；7—加热板；
8—墙角孔位；9—散热器；10—U 形金属底座

PP-R 管热熔焊机操作步骤：

① 在关断电源且低温条件下安装或更换模头，安装时须拧紧夹持模头的螺纹插件。模头应根据直径安装，直径小的在前，直径大的在后。

② 打开电源开关，设置恒温为 260℃。一般热熔焊机有红绿指示灯，红灯代表加热板预热，绿灯代表恒温。预热时段约为 5min，当绿灯亮时（有的焊机是加热灯熄灭）即可进行热熔焊接。

③ 熔接时须注意温度指示灯的变化，当红灯亮时表示模头温度低于设定温度，需等加热板再次加热直至绿灯亮时方可继续熔接。

④ 熔接结束后，关断电源，要等到焊机冷却后再拆下模头，并用吸收性好、无绒和未染色的纸或 PP 清洁剂清除模头上的污染物，以备下次使用。

2. PP-R 管的加工与连接

（1）PP-R 管的切割

PP-R 管热熔承插连接承插深度见表 4-2，管段下料长度可用计算法或比量法确定。管段下料长度确定后，管径 $de40$ 以下采用 PP-R 管专用剪刀进行切割，如图 4-5 所示，大管径 PP-R 管采用管切割机进行切割。切割时应注意端面与轴线垂直，切口要平整、干净、无毛边。如果切口歪斜，不仅熔接时管材、管件容易不在一条直线上，并且热熔接头内 PP-R 管材、管件的重合长度不一致，水流经过时，就会对接头产生一定的冲击，减短接头寿命。

4.1
热熔焊机及
热熔连接

（2）PP-R 管热熔连接

PP-R 管热熔承插连接，宜按下列步骤进行操作：

① 准备好热熔焊机，设置恒温为 260℃。

图 4-5　PP-R 管专用剪刀

② 确定管材长度，用 PP-R 管专用剪刀进行切割，去除毛边和毛刺，管材和管件连接端应清洁、干燥、无油污。

③ 用量尺和记号笔在管端标记熔接承插深度，观察管件上的辅助标记和 PP-R 管上的实线对准管件的位置。

④ 当热熔焊机加热到 260℃（绿灯亮时），将管端（无转动）插入模头加热套，直至插入标记深度，同时也将管件插入模头加热头，直至挡块。参考表 4-5 中的加热时间。当 PP-R 管达到全插入深度且管件顶到加热头挡块时，加热时间开始计时。

⑤ 加热时间结束时，快速从加热套和加热头上取下 PP-R 管和管件，并立刻将它们承插在一起，直到插入深度标记被已形成的均匀翻边（凸缘）覆盖。勿将管子过深地插入管件，以防止管内径变小，也不要相对旋转管子和管件。

⑥ 在冷却时间内，将管子和管件保持在相对固定的位置上，不能彼此相对旋转，强行校正。冷却时间结束后，接头可承受全部负荷。

PP-R 管热熔承插连接过程如图 4-6 所示。

图 4-6　PP-R 管热熔连接过程

PP-R 管材管件热熔承插焊接工艺要求　　　　　　　　　　　　　　　　表 4-5

公称外径 dn （mm）	最小承插深度 L_2 （mm）	加热时间 t_1 （s）	加工时间 t_2 （s）	冷却时间 t_3 （s）
20	11.0	5	4	3
25	12.5	7	4	3
32	14.6	8	4	4

注：本表适用的环境温度为 20℃。低于该环境温度，加热时间适当延长。若环境温度低于 5℃，加热时间延长 50%。

3. 截止阀的安装

截止阀是启闭件（阀瓣）由阀杆带动，沿阀座（密封面）轴线作升降运动的阀门。截止阀的阀杆轴线与阀座密封面垂直，阀杆开启或关闭行程相对较短，并具有非常可靠的切断动作，使得这种阀门非常适合作为介质的切断或调节及节流使用。

截止阀安装时有方向性，通常在阀体上有箭头表示，如果没有箭头也可以通过观察端口来获知，安装方向应是"低进高出"，如图4-7所示。

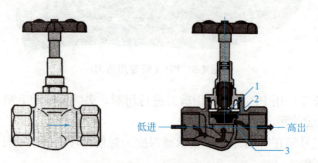

图4-7　截止阀

1—阀瓣；2—密封件；3—阀座

4. PP-R 管的保温

4.2
保温材料及
保温操作

明装 PP-R 管热水管道应保温，保温材料选用橡塑海绵保温管，规格为 Φ20mm（内径）×15mm（厚度）×1.8m（长度），导热系数在 0℃时不超过 $0.034W/(m \cdot K)$，需保温的管段按任务书要求。

橡塑海绵是闭孔弹性材料，具有柔软、耐曲绕、耐寒、耐热、阻燃、防水、导热系数低、减震、吸声等优良性能，可广泛应用于各类冷热介质管道的保温。加上施工简便，外观整洁美观，不含纤维粉尘，不会滋生霉菌，因此是一种高品质绝热保温材料。

PP-R 管的保温施工工艺要求：

① PP-R 管的保温应在水压试验合格后进行，管道表面需清洁、干燥。

② 根据 PP-R 管径选用合适的橡塑海绵保温管。

③ 将保温管开口，对管段进行保温敷设，在弯头、阀门、固定支架等处可添加橡塑保温碎块材料填塞缝隙保证保温区域的完整。

④ 对保温管外缠 PVC 胶带（图4-8），缠绕应有规律，做到外观美观。

图4-8　橡塑海绵保温管和 PVC 胶带

4.2.3　PP-R 管道的布置和敷设

【工作任务】按照附图4，完成图中冷水及热水管道的安装。采用 PP-R 管，热熔连接。给水（冷水）系统工作压力为 0.4MPa，完成给水（冷水）系统的水压试验。

本工作任务主要考查选手对冷、热水给水管道的布置和敷设的理解，PP-R 管道热熔连接工艺。

PP-R 管道布置应遵守以下原则：

① 冷、热水管道与其他管道间净距（含保温层）不宜小于 100mm。管道平行布置时，热水管道宜敷设在外侧；上下布置时，热水管道应敷设在上方。

② 冷、热水管道交叉处理中应当尽量保证支管让干管、冷水管让热水管（热水管道易气堵）。

③ 施工时应复核冷、热水管道管系列（S）和管道种类，不同种类的 PP-R 管道不得混合安装，管道标记应面向外侧。

④ 横向敷设的冷水管道应有 2‰～5‰ 的坡度，并应坡向泄水点；热水横干管应以不小于 3‰ 的坡度向上抬头，并在管道最高点安装排气阀。

⑤ 管道系统应按《建筑给水塑料管道工程技术规程》CJJ/T 98—2014 中的规定设置固定支承或支架。

此外，PP-R 管道布置还应注意水管走线设计合理，既方便装修施工，又能够满足家庭生活使用；管道宜短不宜长，宜直不易弯；阀门附件应实用兼具美观。

【练习】根据图 4-9 完成以下练习（高度为坐标值）：①列出所需工具、材料清单；②在安装墙上完成 *de*20PP-R 冷、热水管道的加工和连接，自定支架位置并安装；③试压。

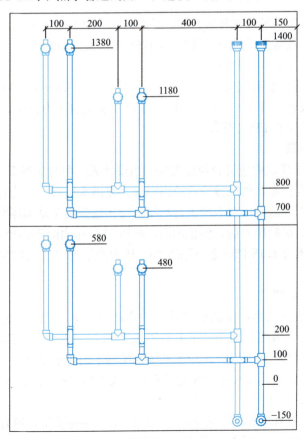

图 4-9　PP-R 管道安装墙练习

PP-R 管道安装墙练习评分表　　　　　　　　　表 4-6

序号	评分项	配分	得分	扣分说明
1	工具、材料清单	10		
2	水压试验 0.6MPa	10		
3	工件尺寸±3mm	30		
4	翻边（凸缘）高度适中	5		
5	管路横平竖直	10		
6	支架牢固	10		
7	标线一致向外	10		
8	管路外观保护	5		
9	场地整洁	5		
10	安全、卫生	5		
	合计：	100		

4.2.4　生活热水系统施工质量验收评估

生活热水系统施工质量验收和组织程序基本同生活给水系统施工，验收同样依据《建筑给水排水及采暖工程施工质量验收规范》GB 50242—2002 进行。

1. 生活热水系统安全和功能验收

"实训装置"生活热水系统安全验收包括主体平台和"升级包"正面上的 PP-R 热水管道系统，以及"升级包"背面安装墙 PP-R 冷水管道系统的压力试验；功能验收含主体平台和"升级包"上的所有 PP-R 管段。

（1）水压试验步骤

PP-R 管道系统水压试验应符合设计规定，当设计无注明时应按下列步骤进行：

① 管道内应缓慢注水，彻底排净管道内空气，充满水后对系统进行水密性检查。

② 水密性检查无渗漏后，对系统进行加压，加压宜采用手动加压泵缓慢升压。

③ 升压到规定的试验压力后，停止加压，稳压 1h，压力降不得超过 0.05MPa。

④ 在最大工作压力 1.15 倍状态下稳压 2h，压力降不得超过 0.03MPa，同时检查各连接处，不得有渗漏。

（2）水压试验质量要求

"实训装置"检查方法为：生活热水系统工作压力为 0.4MPa，试验压力为 0.6MPa，管道系统在试验压力下观测 10min，压力降不大于 0.02MPa，然后降到工作压力进行检查，应无渗漏。"升级包"背面 PP-R 冷水系统试压同生活热水系统。

水压试验合格后，应填写水压试验记录表，见表 4-7，资料应签字归档。

2. 观感质量验收

观感质量是指通过观察和必要的量测所反映的工程外在质量，有好、一般、差三个等级。PP-R 管道系统观感验收质量应符合下列要求：

生活热水系统水压试验记录表（含"升级包"试压管段）　　表 4-7

管道(设备)名称、部位和编号	管道材质	工作压力（MPa）	标准(设计要求)			实际试验	
			试验压力（MPa）	稳压时间（min）	压降或泄漏（MPa）	稳压时间（min）	压降或泄漏（MPa）
确认安装检查结果	竞赛小组成员：						
	裁判员：				年　　月　　日		

①　PP-R 管道水平管道纵横方向弯曲允许偏差为 1.0mm/m，立管垂直度允许偏差为 2mm/m。检验方法：用水平尺、直尺、拉线和尺量检查。

②　热熔焊缝必须连续均匀，其翻边（凸缘）宽度、高度必须符合工艺要求。检查方法：观察。

③　丝扣连接的地方，外露丝扣 1～2 扣，外露填料（生料带）须清理干净。检查方法：观察。

④　管道的支、吊架（"实训装置"中为固定管卡）安装应平整牢固。检查方法：观察、手扳检查。

⑤　管道保温厚度允许偏差为 $5\%\delta\sim10\%\delta$（δ 为保温层厚度），保温胶带缠绕完整有规律。检查方法：针刺、观察。

技能拓展

★ 太阳能热水器

太阳能热水器是利用太阳能转换成热能，达到水加热的装置。其突出优点是：绿色节能、运行费用低、不存在环境污染问题。但由于受天气、季节、地理位置等影响不能连续稳定运行，为满足用户要求需配置贮热和辅助加热设施、占地面积较大，其使用受到一定限制。它适用于年日照时数大于 1400h、年太阳辐射量大于 $4200MJ/m^2$ 及年极端最低气温不低于—45℃的地区。

太阳能热水器按热水循环方式，可分为自然循环和机械循环两种。

1. 自然循环太阳能热水器

自然循环太阳能热水器是靠水温差产生的热虹吸作用进行水的循环加热，该种热水器具有运行费用低，不需专人管理的优点。但其贮热水箱必须装在集热器上面，同时使用的热水会受到时间和天气的影响，如图 4-10 所示。

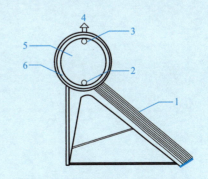

图 4-10　自然循环式太阳能热水器

1—真空管集热器；2—进出水口；
3—溢水口；4—排气口；
5—水箱；6—保温层

2.机械循环太阳能热水器

机械循环太阳能热水器由于利用水泵提供水循环动力，其贮热水箱和水泵可放置于任何部位，系统制备热水效率高、产水量大。若需克服天气对热水加热的影响，可增加辅助加热设备，如燃气加热、电加热和蒸汽加热等措施。它适用于大面积和集中供应热水场所，如图 4-11 所示。

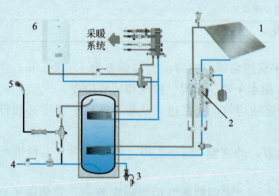

图 4-11　机械循环太阳能热水采暖系统
1—太阳能集热器；2—太阳能系统循环组件；3—排水阀；
4—冷水进口；5—热水出口；6—燃气壁挂炉

生活排水系统的安装

 教学目标

1. 知识目标

(1) 了解建筑内部生活排水系统的组成；

(2) 了解 PVC-U 管及其配套管件、附件的种类、规格、表示方法；

(3) 熟练识读生活排水系统施工图，计算生活排水管路材料清单；

(4) 掌握 PVC-U 管的锯割和粘结连接方法，掌握卫生设备等附件的安装方法；

(5) 了解中水回用工艺流程。

2. 能力目标

(1) 能熟练绘制生活热水系统图，快速计算生活热水管路材料清单；

(2) 能进行 PVC-U 管的锯割和粘结连接，正确安装小便器和淋浴混合水龙头；

(3) 能组织生活排水系统施工质量的验收和评定。

思维导图

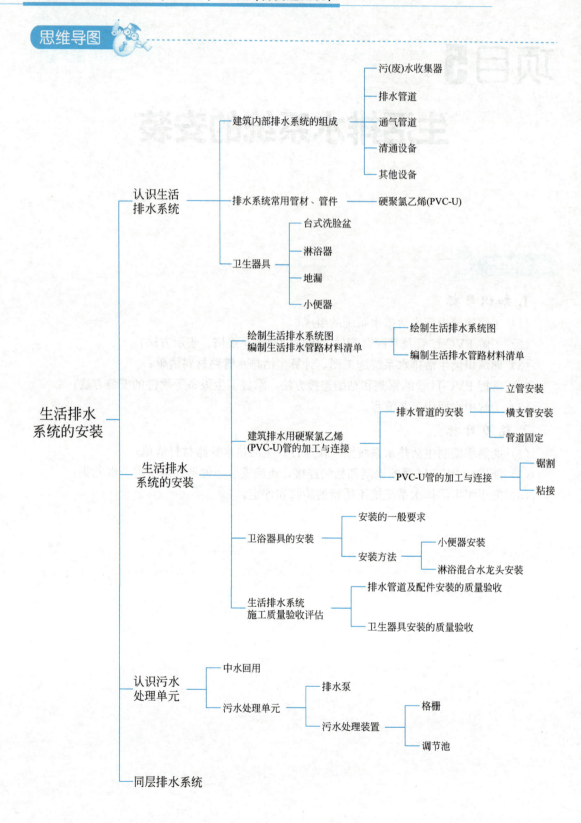

- 生活排水系统的安装
  - 认识生活排水系统
    - 建筑内部排水系统的组成
      - 污(废)水收集器
      - 排水管道
      - 通气管道
      - 清通设备
      - 其他设备
    - 排水系统常用管材、管件 —— 硬聚氯乙烯(PVC-U)
    - 卫生器具
      - 台式洗脸盆
      - 淋浴器
      - 地漏
      - 小便器
  - 生活排水系统的安装
    - 绘制生活排水系统图 编制生活排水管路材料清单
      - 绘制生活排水系统图
      - 编制生活排水管路材料清单
    - 建筑排水用硬聚氯乙烯(PVC-U)管的加工与连接
      - 排水管道的安装
        - 立管安装
        - 横支管安装
        - 管道固定
      - PVC-U管的加工与连接
        - 锯割
        - 粘接
    - 卫浴器具的安装
      - 安装的一般要求
      - 安装方法
        - 小便器安装
        - 淋浴混合水龙头安装
    - 生活排水系统施工质量验收评估
      - 排水管道及配件安装的质量验收
      - 卫生器具安装的质量验收
  - 认识污水处理单元
    - 中水回用
    - 污水处理单元
      - 排水泵
      - 污水处理装置
        - 格栅
        - 调节池
  - 同层排水系统

建筑内部排水系统的任务就是把室内的生活污废水、工业废水和屋面雨、雪水等及时畅通无阻地排至室外排水管网或水处理构筑物，为人们提供良好的生活、生产、工作和学习环境。

　　建筑内部排水系统按排水的来源可分为：生活排水系统、工业废水排水系统、建筑雨水排水系统。"THPWSD-1A 型给排水设备安装与调控实训装置"设置了两套独立的生活排水系统，一套是在"实训装置"主平台上由盥洗台盆和淋浴设备组成的生活废水排水系统，另一套是在"升级包"中含冲洗便器卫生设备和淋浴设备组成的生活污水排水系统。生活废水可作为中水的原水，在"实训装置"主平台上还设置了污水处理装置，生活废水经过适当处理后作为杂用水。

任务 5.1   认识生活排水系统

5.1.1   建筑内部排水系统的组成

　　建筑内部排水系统一般由污（废）水收集器、排水管道系统、通气管道系统、清通设备及某些特殊设备等部分组成，如图 5-1 所示。

1. 污（废）水收集器

　　污（废）水收集器包括各种卫生设备、排放生产污水的设备和雨水斗等，负责收集和接纳各种污（废）水，是室内排水系统的起点。

2. 排水管道系统

　　排水管道系统包括器具支管、横支管、立管、排出管等。

　　① 器具支管是连接卫生器具和排水横支管之间的一段短管，大部分卫生器具的排水支管上都设有存水弯，用来阻止室外管网中的臭气、有害气体、害虫及鼠类通过卫生器具进入室内，以保证室内环境不受污染。

　　② 横支管是连接各卫生器具支管与立管之间的水平管道，横支管应具有一定的坡度。

　　③ 立管是用来接受各横支管流来的污水，然后再排至排出管。

　　④ 排出管是室内排水立管与室外排水检查井之间的连接管段，它接受一根或几根立管流来的污水并排至室外排水管网。

3. 通气管

　　通气管的作用排除室外排水管道中污浊的有害气体至大气中；平衡管道内正负压，保护卫生器具水封。在正常的情况下，每根排水立管应延伸至屋顶之上通大气。

4. 清通设备

　　清通设备包括检查口、清扫口、检查井以及带有清扫口的管配件等，用于对排水系统

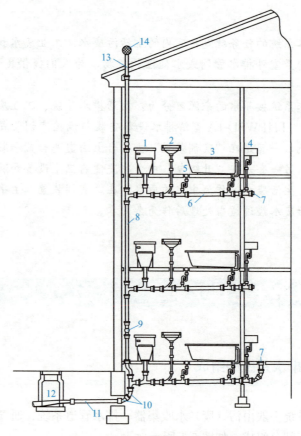

图 5-1　建筑内部排水系统的组成

1—大便器；2—洗脸盆；3—浴盆；4—洗涤盆；5—地漏；6—横支管；7—清扫口；8—立管；
9—检查口；10—45°弯头；11—排出管；12—检查井；13—通气管；14—通气帽

进行清扫和检查，在管道出现堵塞现象时，在清通设备处疏通，保障排水畅通。有些地漏也可以具备清通设备的功能。

5. 其他设备

在强降雨时，市政管网不能容纳或不能快速排除流入的污水时，就会产生壅水。防壅水设备用于防止壅水倒灌到地下室或室内。

地下室、人防工程、地下铁道等处，常常会有若干排出口位于壅水面以下，造成污水无法自流到室外。此时应设置排水泵房和集水池，将这些排出口排出的污水收集起来，再通过排水泵自动地泵到壅水面之上，然后流入总干管或地下管线。

5.1.2　排水系统常用管材、管件

1. 建筑排水用硬聚氯乙烯（PVC-U）管

建筑排水用硬聚氯乙烯（PVC-U）管的生产原料为硬聚氯乙烯（PVC-U）混配料。混配料以聚氯乙烯（PVC）树脂为主，质量百分含量不低于80%。PVC-U 中的"U"是"unplasticized"的缩写，其含义为未增塑。

管材按连接形式不同分为胶粘剂连接型管材和弹性密封圈连接型管材。"实训装置"生活排水系统管材使用的是胶粘连接型管材。

（1）PVC-U 管材规格

PVC-U 管材内外壁应光滑，不允许有气泡、裂口和明显的痕纹、凹陷、色泽不均及分解变色线。管材两端应切割平整并与轴线垂直。管材一般为灰色或白色。

PVC-U 管材的规格用 dn（公称外径）$\times e$（公称壁厚）表示，其平均外径、壁厚应符合表 5-1 的规定。

PVC-U 管材平均外径、壁厚（单位：mm）　　　　　表 5-1

公称外径 dn	平均外径		壁厚	
	最小平均外径 $d_{em,min}$	最大平均外径 $d_{em,max}$	最小壁厚 e_{min}	最大壁厚 e_{max}
40	40.0	40.2	2.0	2.4
50	50.0	50.2	2.0	2.4
75	75.0	75.3	2.3	2.7
90	90.0	90.3	3.0	3.5
110	110.0	110.3	3.2	3.8

注：习惯上常用 "De" 表示 PVC-U 管的公称外径，以区别于其他塑料管道。

PVC-U 管材长度 L 一般为 4m 或 6m。管材长度不允许有负偏差。

管材不圆度应不大于 $0.024dn$，管材弯曲度应不大于 0.50%。

（2）PVC-U 管材的性能特点

PVC-U 管材性能的技术要求应符合《建筑排水用硬聚氯乙烯（PVC-U）管材》GB/T 5836.1—2018 的规定。

PVC-U 管材具有良好的耐老化性，能长期保持其理化性能，阻燃性好、耐腐蚀性强，使用寿命、不结垢、质轻、耐温等级较低、绝缘性能较好等性能特点。

2. 建筑排水用硬聚氯乙烯（PVC-U）管件

（1）管件的基本类型

PVC-U 管件基本类型有：

① 直通。

② 异径。

③ 弯头。弯头公称角有 22.5°、45°和 90°三种。

④ 多通和异径多通。公称角有 45°和 90°两种。

（2）其他类型连接件

建筑排水管道中的连接件除按国标规定用于连接的基本类型管件外，对于具备其他功能的连接件，如存水弯、检查口等均未列入标准。厂家可以根据市场需要进行设计制造。但是这些连接件的承口尺寸、插端尺寸、壁厚及其物理力学性能必须满足《建筑排水用硬聚乙烯（PVC-U）管件》GB/T 5836.2—2018 中相应规格的有关规定。这些连接件主要有下述几类：

① 具备水封作用的各型存水弯、地漏等。

② 与各种卫生设备相连的连接件，例如与洗脸池等陶瓷器件相连的排水栓、大便器连接件或缩节等。

③ 各种规格的检查口、清扫口、带堵弯头或管堵等。

④ 通向屋顶的通气罩（帽）。

⑤ 调节管线胀缩量的伸缩节或膨胀接头等。

常用建筑排水用硬聚氯乙烯（PVC-U）管件规格见表 5-2。

常用 PVC-U 管件（以"实训装置"上所用管件为例）　　　　表 5-2

管件	图示	规格	管件	图示	规格
P型存水弯	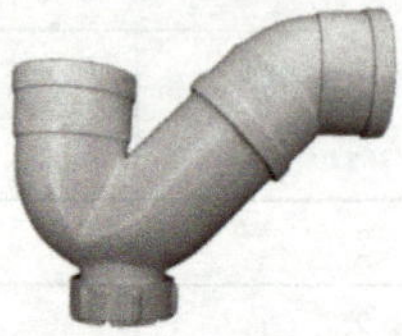 P型存水弯由一个单承插有口存水弯和一个 45°弯头组合而成	De 50	S型存水弯	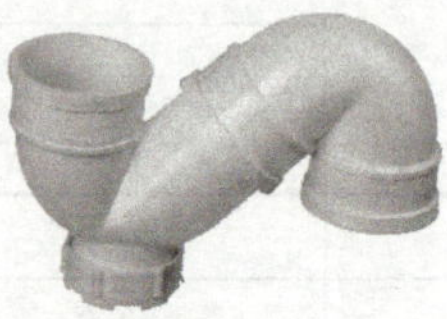 S型存水弯由一个单承插有口存水弯和一个双承存水弯组合而成	De 50
立管检查口		De 110	透气帽		De 110
90°等径三通		De 110	90°异径三通	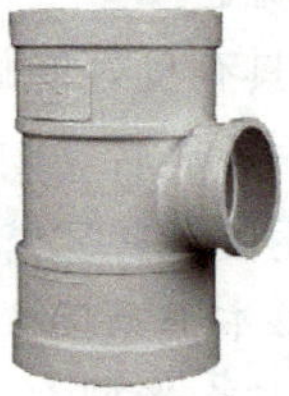	De 110 × De 50
清扫口		De 110	异径直通		De 75 × De 50

（3）管件技术要求

管件内外壁应光滑、平整，不允许有气泡、裂口和明显的痕纹、凹陷、色泽不匀及分解变色线。管件应完整无缺损、浇口及溢边应修理平整。

管件承口中部平均内径和承口深度应管件应符合《建筑排水用硬聚氯乙烯（PVC-U）管件》GB/T 5836.2—2018 等规定。

5.1.3　卫生器具

卫生器具是用来满足日常生活中各种卫生要求，收集和排放生活及生产中产生的污水、废水的设备。

卫生器具按功能分为盥洗、淋浴用卫生器具：如洗脸盆、淋浴器等；洗涤用卫生器具，如洗涤盆、污水盆等；便溺用卫生器具，如大便器、小便器等；专用卫生器具，如医疗、科学研究实验室等特殊需要的卫生器具。

对卫生器具质量要求：表面光滑、易于清洗、不透水、耐腐蚀、耐冷热和有一定的强度。除坐式大便器外的卫生器具下面必须设置存水弯，以防排水系统中的有害气体窜入室内。

"实训装置"设置的卫生器具有：台式洗脸盆、淋浴器、地漏、小便器等。

任务 5.2　生活排水系统的安装

5.2.1　绘制生活排水系统图并编制生活排水管路材料清单

1. 绘制生活排水系统图

建筑排水系统施工图一般由设计施工说明、排水平面图、排水立面图、排水系统图、详图等几部分组成。

① 设计施工说明。主要内容有排水系统采用的管材及连接方法，系统管道防腐、保温做法，灌水、通水、通球试验的要求及未说明的各项施工要求。

② 平面图。主要内容有建筑平面，卫生器具的平面位置、类型、编号，排水系统的出口位置、编号，地沟位置及尺寸，排水干管走向、立管及编号，横支管走向、位置及管道安装方式等。

③ 立面图。主要反映设备的立面形式和内部的立面式样。

④ 系统图。主要内容有排水系统的编号及立管编号，卫生器具的编号、管道走向及与卫生器具的关系、清通装置的形式与位置，管道标高、直径与坡度坡向等。

⑤ 大样节点与节点详图。详图内容应反映工程实际，可以由设计人员绘制，也可引用安装图集。

（1）生活排水系统施工图的识读

排水施工图的识读方法与给水施工图的识读方法基本相同。室内排水系统施工图应按水流方向以卫生器具排水管、排水横支管、排水立管到排出管的顺序识读。

竞赛任务书提供"实训装置"立面图、A-A平面图、B-B平面图等 3 张图纸（附图 1～附图 3），排水系统图需要选手自绘。任务书中有关生活排水系统安装的说明类似于"设计施工说明"，选手应仔细阅读。

（2）绘制生活排水系统图

【工作任务】根据提供的给水排水平面图和立面图（附图1~附图3），结合设备实物手绘完成生活排水系统图。

完成的生活排水系统图如图5-2所示。

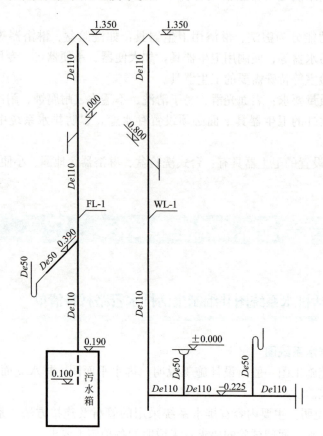

图 5-2　排水系统图

2. 编制生活排水管路材料清单

【工作任务】按照附图1~附图3，编制排水管路清单，清单含两部分："实训装置"主体平台上的洗脸盆到排水立管之间管路材料清单；"升级包"上小便器到排水立管之间管路材料清单。

选手应先在识读附图1~附图3基础上绘制出生活排水系统图，然后按水流方从卫生器具排水管、排水横支管到排水立管的顺序计算管道长度、管件个数，最后归类汇总。

完成的生活排水管路材料清单见表5-3。

排水管路材料清单　　　　　　　　　　　　　　　　　　　　表5-3

一、洗脸盆到排水立管之间管路材料清单					
序号	材料名称	规格	单位	数量	备注
1	PVC-U 管	$De110$	m	1.5	
2	PVC-U 管	$De50$	m	1	

一、洗脸盆到排水立管之间管路材料清单					
序号	材料名称	规格	单位	数量	备注
3	PVC P 型存水弯*	De50	个	1	带检查口
4	PVC 立管检查口	De110	个	1	
5	PVC 90°异径三通	De110×De50	个	1	
6	PVC 透气帽	De110	个	1	

*P 型存水弯由一个单承插有口存水弯和一个 45°弯头组合而成。

二、小便器到排水立管之间管路材料清单					
序号	材料名称	规格	单位	数量	备注
1	PVC-U 管	De110	m	2.5	
2	PVC-U 管	De50	m	0.5	
3	PVC 清扫口	De110	个	1	
4	PVC 异径直通	De75×De50	个	1	代替小便器连接件
5	PVC S 型存水弯*	De50	个	1	带检查口
6	PVC 90°异径三通	De110×De50	个	2	
7	PVC 90°等径三通	De110	个	1	
8	PVC 立管检查口	De110	个	1	
9	PVC 透气帽	De110	个	1	

*S 型存水弯由一个单承插有口存水弯和一个双承存水弯组合而成。

5.2.2　建筑排水用硬聚氯乙烯（PVC-U）管的加工与连接

【工作任务】完成洗脸盆到污水箱之间排水管路的加工和安装，完成小便器到排水立管之间排水管路的加工和安装。完成排水系统中相应管路附件的安装。安装完毕后对排水管路做通水试验。其余未说明的事宜按《建筑给水排水及采暖工程施工质量验收规范》GB 50242—2002 执行。

通过阅读任务书，识读和绘制生活排水系统施工图得知：生活排水系统采用建筑排水用硬聚氯乙烯（PVC-U）管，主要管材规格为 De110 和 De50，管道连接采用粘结方式。

1. 排水管道的安装

室内排水管道安装的程序一般是：安装准备工作→排出管安装→底层埋地管及器具支管安装→立管安装→通气管安装→各层横支管安装→器具支管安装。"实训装置"排水管道安装主要是立管安装、横支管安装和器具支管的安装。

（1）排水立管安装

排水立管一般在墙角明装，安装时根据施工图校对位置及尺寸，竖直好立管并将检查口方向找正，初步固定卡牢，复查好立管垂直度后用管卡固定牢固。

立管在底层和在楼层转弯处应设置立管检查口，其安装高度距地面 1m，检查口位置和朝向应便于检修（如果是在墙角是 45°，在墙中就应该是垂直于墙），如图 5-3 所示。

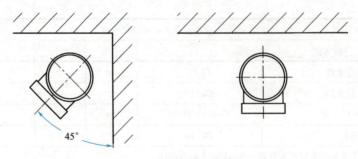

图 5-3 立管检查口安装方向

PVC90°三通也称为顺水三通，其轴线夹角为 88.5°，安装时有方向性，如图 5-4 所示。

（2）排水横支管的安装

楼层排水横支管均用悬吊敷设，横管坡度应符合设计要求，当设计无要求时坡度应为 0.026。安装时先对准器具支管预留口，将支管水平初步吊起，根据管段长度调整好坡度，合适后再用管卡固定。

（3）管道固定

排水塑料管道支、吊架间距应符合《建筑给水排水及采暖工程施工质量验收规范》GB 50242—2002 中表 5.2.9 的规定。安装时应按设计坐标、标高、坡向做好支、吊架。

"实训装置"立管和横支管各设两处金属固定管卡。固定管卡如图 5-5 所示。

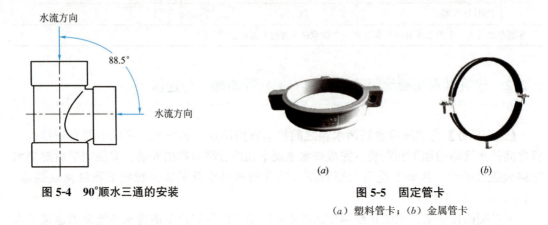

图 5-4 90°顺水三通的安装

图 5-5 固定管卡
（a）塑料管卡；（b）金属管卡

安装时要求定位准确、安装牢固；管卡与管道接触应紧密，但不得损伤管道表面。若采用金属管卡固定管道时，金属管卡与塑料管间应采用塑料带或橡胶物隔垫，以防将管道表面夹伤，不得使用其他硬物隔垫。

2. PVC-U 管的加工与连接

（1）管材的加工

PVC-U 管件的承口深度见表 5-4，管段下料长度可用计算法或比量法确定。管段下料长度确定后，一般采用手工钢锯锯割。锯割时应注意端面与轴线垂直，锯割后端口应平整。最后用修毛刺刀或专用工具除去毛刺并倒角，倒角的夹角一般为 15°～45°，倒角后末端厚度 e 不小于壁厚的 1/3，如图 5-6 所示。

5.1
PVC管切
割、连接

胶粘剂连接型管材承口尺寸（单位：mm）　　　　　　　　表 5-4

公称外径 dn	承口中部平均内径		承口深度 $L_{0,min}$
	最小平均内径 $d_{s,min}$	最大平均内径 $d_{s,max}$	
50	50.1	50.4	25
75	75.2	75.5	40
90	90.2	90.5	46
110	110.2	110.6	48

（2）锯弓和锯条

手工钢锯由锯弓和锯条两部分组成，常用的锯条长为 300mm、宽为 12mm、厚为 0.8mm。安装锯条时应使锯齿的齿尖向前，且松紧程度要适中，如图 5-7 所示。

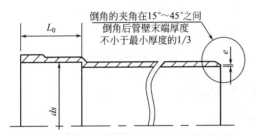

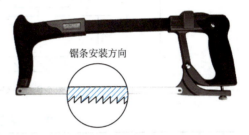

图 5-6　胶粘剂连接型 PVC 管材承口和倒角　　　　图 5-7　手工钢锯及锯条安装示意

锯齿的粗细用 25mm 长度内锯齿的个数来表示，常用的有 14、18、24、32 等几种。锯割 PVC 之类的薄管时，应选用规格为 24 或 32 的细齿锯条。在锯薄材料时，锯齿易被工件钩住而崩断，故需要同时工作的齿数多，使锯齿承受的力量减少。

（3）粘结连接

当 PVC-U 管采用承插粘结连接时，宜按下列步骤进行操作：

① 实测管材长度，用细齿锯割，对端口修边去毛刺、倒角。

② 插口和承口的表面应采用清洁干布揩净，当有油污时应用无水酒精或丙酮擦拭干净。

③ 测量管件承口深度或采用试插方法，在管材上标记插入深度。

④ 在承口和插口上用鬃刷蘸胶粘剂涂抹，涂抹胶粘剂时应先涂承口后涂插口，并由里向外均匀涂抹；胶量适当，不得漏涂，不得将管材或管件浸入胶粘剂内。

⑤ 管材应一次地插入管件承口，直到标记的位置，并旋转 90°；整个粘结过程宜在 20~30s 内完成。

⑥ 粘结工序结束后，应及时将残留在承口外部的胶粘剂揩擦干净。

⑦ 粘结部位 1h 内不宜受外力作用。

PVC-U 胶粘剂应选用 PVC 管材厂商配套的专用胶粘剂。

【练习】根据图 5-8 完成练习：①列出所需工具、材料清单；②在安装墙上完成 PVC-U 排水管道的加工和连接，自定支架位置并安装。

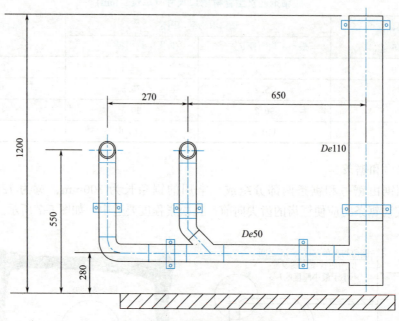

图 5-8　PVC-U 管道安装墙练习

PVC-U 管道安装练习评分表　　　　　　表 5-5

序号	评分项	配分	得分	扣分说明
1	工具、材料清单	10		
2	工件尺寸±3mm	50		
3	管路横平竖直	15		
4	支架牢固	10		
5	管路外观保护	5		
6	场地整洁	5		
7	安全、卫生	5		
	合计：	100		

5.2.3　卫浴器具的安装

【工作任务】完成淋浴混合龙头、地漏、小便器等卫生设备及其附件的安装。安装完毕后对卫生设备做通水试验。其余未说明的事宜按《建筑给水排水及采暖工程施工质量验收规范》GB 50242—2002 执行。

1. 卫生器具安装的一般要求

卫生器具安装应牢固、平衡、美观、完好、洁净，接口紧密且不渗漏。

卫生器具排水口与排水管道的连接处应密封良好，不渗漏。

卫生器具的安装位置、标高、连接管径均应符合设计要求或规范要求。

除坐式大便器外的卫生器具下面必须设置存水弯，以防排水系统中的有害气体窜入室内。存水弯的水封高度通常为 50～100mm，如图 5-9 所示。水封高度过大，则抵抗管道内压力波动的能力强，但自清作用减小，水中固体杂质不易排入排水横管；水封高度过小，则固体杂质不易沉积，抵抗管道内压力波动的能力差。但卫生器具排水管段上不得重复设置水封。

地漏安装应平正、牢固，低于排水表面，周边无渗漏。地漏水封深度不得小于 50mm。

2. 卫生器具的安装方法

（1）卫生器具的安装

卫生器具的安装如设计无要求时，安装高度应符合规范的规定；设计有要求时安装高度按要求施工。"实训装置"选用的是某品牌 608 型挂式小便器，挂墙式安装，下排水。设计要求为自地面至小便器上边缘标高为 0.650m，小便器延时自闭阀标高为 0.850m。

608 型挂式小便器安装效果图如图 5-10 所示。

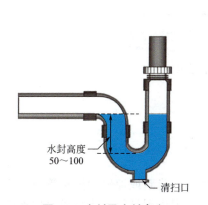

图 5-9　水封及水封高度

图 5-10　安装效果图

（2）淋浴混合水龙头

淋浴混合水龙头属于卫生器具的给水配件，安装前应先冲洗水管，避免因杂质损坏阀芯。入墙式安装冷热水进水口间距常规尺寸都是 150mm，如果墙上冷热水管口距有偏差，可以通过安装弯脚接头调节冷热水管口距，安装时还要注意用水平尺测量保证管口水平，如图 5-11 所示。如果偏差尺寸超出尺寸范围就不能安装。

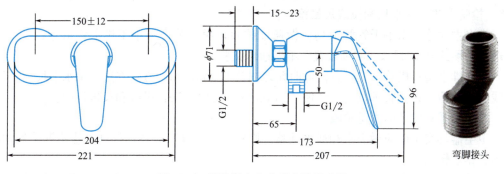

图 5-11　淋浴混合水龙头安装尺寸图

　　"实训装置"淋浴混合水龙头安装于网孔板上，与地面高度为1150mm。具体操作为：先将混合水龙头从前方插入"U"形孔中，并用尺子度量好高度尺寸，然后将有机玻璃螺母打紧。安装效果图如图5-12所示。

图 5-12　淋浴混合水龙头及安装效果

5.2.4　生活排水系统施工质量验收评估

1. 排水管道及配件安装的质量验收

**5.2
通水试验**

　　室内排水系统安装质量验收的主控项目是：隐蔽或埋地的排水管道在隐蔽前必须做灌水试验，其灌水高度不低于底层卫生器具的上边缘或底层地面高度。检验方法：满水15min水面下降后，再灌满观察5min，液面不降、管道及接口无渗漏为合格。

　　"实训装置"对于排水管道质量验收只做通水试验不做灌水试验（与卫生器具的通水试验一起完成）。从各排水管落水口处进行放水，排水畅通无堵塞，则整个通水试验结果符合设计及规范要求。

　　生活排水塑料管道的坡度应符合设计或规范的规定，"实训装置"两种管径管材中，$De50$ 管径标准坡度为25‰，最小坡度为12‰；$De110$ 管径标准坡度为12‰，最小坡度为6‰。检验方法：水平尺和拉线尺量检查。

　　排水立管及水平干管管道均应做通球试验，通球球径不小于排水管道管径的2/3，通球率必须达到100%。"实训装置"不做通球试验。

　　室内排水塑料横管的纵横方向弯曲允许偏差1.5mm/m，检验方法：用水平尺、直尺、拉线和尺量检查；立管垂直度允许偏差3mm/m。检验方法：吊线和尺量检验。

2. 卫生器具安装的质量验收

　　卫生器具交工前应做满水和通水试验。检验方法：满水后各连接件不渗不漏；通水试验给、排水畅通。

　　单独卫生器具安装的标高允许偏差为±15mm，检验方法：拉线、吊线和尺量检查。

器具水平度允许偏差 2mm，检验方法：用水平尺和尺量检查；器具垂直度允许偏差 3mm，检验方法：用吊线和尺量检查。

卫生器具给水配件应完好无损伤，接口严密，启闭部分灵活。检验方法：观察及手扳检查。

通水试验合格后，应填写通水试验记录表，见表 5-6，资料应签字归档。

排水管道系统通水试验记录表　　　　　表 5-6

验收执行标准 名称及编号	《建筑给水排水及采暖工程施工质量验收规范》GB 50242—2002			
管道名称	管道材质	规格	试验结果（如有渗漏或堵塞，注明部位）	
确认安装 检查结果	竞赛小组成员：			
	裁判员：		年　　月　　日	

任务 5.3　认识污水处理单元

水是生命的源泉，是人类赖以生存和发展的不可缺少的最重要的物质资源之一。尽管地球上的水存在循环，在地球表面有 71% 被水覆盖。但只有总量 0.7% 的水可以供人类使用。我国水资源的总量 28100 亿 m³，人均占有量很低仅为世界人均的 1/4，水土资源在地区上的组合不相匹配，是世界上严重缺水的国家之一，节约用水是一个非常重要和紧迫的问题。

污水回用是缓解缺水的切实可行的有效措施。将使用过的受到污染的水处理后再次利用，既减少了污水的外排量、减轻了城市排水系统的负荷，又可以有效地利用和节约淡水资源，减少了对水环境的污染，具有明显的社会效益、环境效益和经济效益。"实训装置"设置一套污水处理单元，用于模拟污（废）水处理回用（即中水回用）。

5.3.1　中水回用

"中水"一词源于日本，也称中水道。它是指各种排水经处理后，达到规定的水质标准，可在一定范围内重复使用的非饮用水。因其水质介于上水（给水）和下水（排水）之间而得名。

建筑内部中水系统是利用建筑内部的杂排水（指民用建筑物中除粪便污水以外的各种排水，如冷却水、游泳池排水、淋浴排水、盥洗排水和洗衣、厨房排水等）作为中水的水源，经过汇集、处理达到中水水质标准后回用。主要用于冲洗厕所、绿化、扫除、洗车、水景布水等。建筑内部中水处理工艺流程图如图 5-13 所示，考虑到水量的平衡，可利用生活给水补充中水水量。

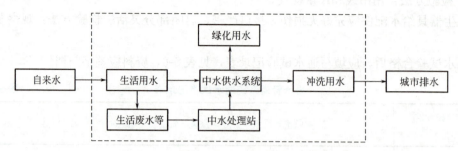

图 5-13　建筑内部中水处理工艺流程图

5.3.2 "实训装置"污水处理单元

"实训装置"污水处理单元由排水泵（污水泵）和污水处理装置两部分组成。

1. 排水泵

排水泵主要是用来抽排污水箱中的污水用的。"实训装置"选用 WILO PB088EA 型增压泵，带自动开关，其主要参数为：额定功率为 95W，额定扬程 6m，额定流量 16L/min，电源 220V、50Hz。如图 5-14 所示。

2. 污水处理装置

污水处理装置采用有机玻璃材料制作，主要是用来模拟对污水处理环节达到中水的效果。其内部主要模拟了一个格栅和调节池系统环节。如图 5-15 所示。

（1）格栅的目的是去除废水中粗大的悬浮物和杂物，以保护后续处理设施能正常运行的一种预处理。它由一组或多组相平行的金属栅条与框架组成。

（2）调节池调节的目的是减少和控制废水水质及流量的波动，以便为后续处理提供最佳条件。

图 5-14　排水泵连接图

图 5-15　污水处理装置

技能拓展

★ 同层排水系统

当卫生间的卫生器具排水管要求不穿越楼板进入他户时，或按上述的布置原则规定受条件限制时，卫生器具排水横支管应设置同层排水。

水平支管异层敷设是一种传统的敷设方式，不占用使用空间，但安装、维修不方便，噪声较大，卫生设备的布局受到限制。

水平支管同层敷设具有设计自由、产权明晰、合理布局、打扫方便、安装方便、在采用污水废水合流系统时节省立管数量等优点，如图 5-16 所示。但同层敷设系统也存在管道占用一定的空间，或必须敷设在专门的技术槽内，如图 5-17 所示，对管道连接质量要求较高，总造价较高等缺点。因此，住宅卫生间同层排水形式应根据卫生间空间、卫生器具布置、室外环境气温等因素，经技术经济比较确定。

图 5-16　同层排水安装过程及安装实际效果图

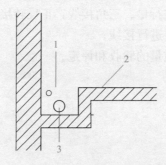

图 5-17　同层系统的管道敷设在技术槽内

1—技术槽；2—楼板；3—排水管道

项目6

Chapter 06

建筑电气安装

 教学目标

1. 知识目标

（1）了解常用导电材料的使用常识，掌握常用电工工具、仪表的使用方法；

（2）认识常用低压电器，知道其工作原理；

（3）熟练识读电气原理图，熟悉电气图的有关规定及特点；

（4）熟悉安装接线工艺，掌握电工操作技能及建筑电气安装要求。

2. 能力目标

（1）能正确选用电线电缆，会用万用表查找故障；

（2）能根据原理图绘制接线图；

（3）能正确安装按钮开关、熔断器、继电器、接触器等常用低压电器；

（4）会对电动机（水泵）进行星、三角接线，正反转接线，并能排除典型故障；

（5）会对给水排水系统附件进行接线；

（6）能组织建筑电气安装质量的验收和评定。

思维导图

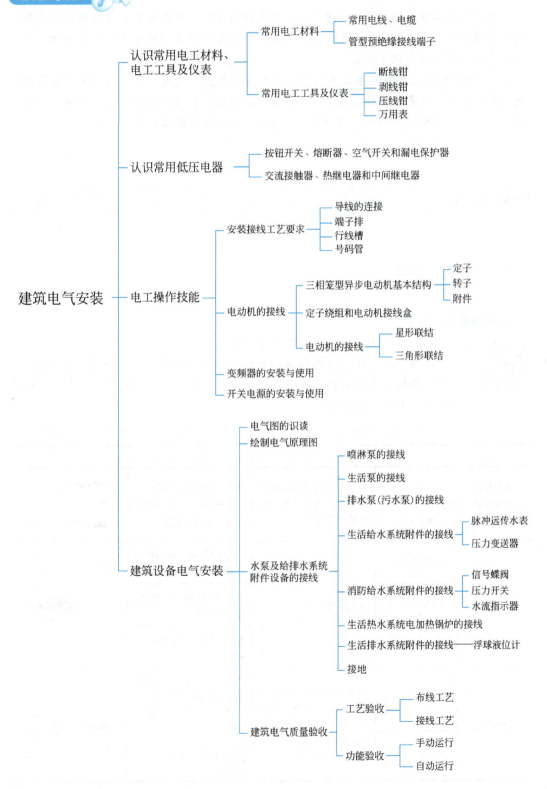

引文

　　建筑电气工程是指建筑供配电系统、电气照明系统、电缆电视系统及建筑电气控制系统的施工安装、调试和运行管理、工程监理及中小型工程设计等，从事的主要工作是建筑内电气设备施工安装。

　　"THPWSD-1A 型给排水设备安装与调控实训装置"建筑电气安装实训内容包括电工常用工具、仪表及操作技能、电工操作基本技能、低压电器的应用、电动机（水泵）的应用、照明及电器设施的安装、给水排水系统附件的安装等。

任务 6.1　认识常用电工材料、电工工具及仪表

6.1.1　常用电工材料

1. 常用电线、电缆

6.1
常用电线
电缆、电工
工具

（1）常用电线的名称、型号与用途

　　电线、电缆作为传输电流的载体，用途极为广泛，为了适应不同场合，电线、电缆的型号命名、规格繁多。表 6-1 列出"实训装置"用电线、电缆的名称、型号、用途及外形。

常用电线、电缆的名称、型号、用途及外形（"实训装置"用）　　表 6-1

名称	型号规格	用途	"实训装置"中用途	外形
铜芯聚氯乙烯绝缘安装软电线	RV 0.5	用于电力拖动中和电机的连接以及电线常有轻微移动的场合	用于控制电路的接线	
	RV 1.5		用于主电路的接线	
护套线	RVV 5×1.5	常用于明装电线	三相五线,用于电加热锅炉接线	
	RVV 4×1.5		三相四线,用于喷淋泵、生活泵接线	
	AVVR 3×0.5		单相三线,用于排水泵接线	
屏蔽线	RVVP 2×0.5	用于楼宇对讲、防盗报警、消防、自动抄表等工程。避免干扰信号进入内层,导体干扰同时降低传输信号的损耗	用于脉冲水表、压力变送器、信号蝶阀、压力开关、水流指示器信号传输接线	
	RVVP 6×0.5		用于浮球液位计信号传输接线	

常用电缆类型及其选型标准电线型号中：字母 R 表示软线，字母 V 表示聚氯乙烯绝缘，字母 P 表示屏蔽线，字母 A 表示安装用线缆。

（2）电线的颜色

在电工成套装置中通常以导线颜色来标志电路，或依电路选择导线颜色。

依电路选择导线颜色时，交流三相导线颜色标准见表 6-2；用双芯导线或双根绞线连接的交流电路：红黑色并行；整个装置及设备的内部布线一般推荐：黑色。

交流三相导线颜色标准　　　　　　　　　　表 6-2

地区	A 相	B 相	C 相	中性线	地线
中国	黄	绿	红	蓝	黄绿条纹

（3）电线的截面积

电线的截面积指的是电线内铜芯的截面积。常用的电线截面积有 $0.5\mathrm{mm}^2$、$1.0\mathrm{mm}^2$、$1.5\mathrm{mm}^2$、$2.5\mathrm{mm}^2$、$4.0\mathrm{mm}^2$、$6.0\mathrm{mm}^2$ 等。

载流量指的是电线在常温下持续工作并能保证一定使用寿命（如 30 年）的工作电流大小。导线截面越大，它所能通过的电流也越大。

安全载流量指的是电线发出去的热量恰好等于电流通过电线产生的热量，电线的温度不再升高（不大于最高允许温度，通常为 70℃），这时的电流值就是该电线的安全载流量，又称安全电流。导线的安全载流量与导线所处的环境温度密切相关。实际工作中铜芯导线安全载流量取用 5～8A/mm^2 进行估算。

2. 管型预绝缘接线端子

管型预绝缘接线端子，英文缩写 VE，也称压线端子、铜鼻子、针形端子，属于冷压压接端子的类型中的一种，主要功用是导电，是实现电气连接的一种配件产品，工业上划分为连接器的范畴。管型绝缘端子在导线接线位紧密相邻时，它能提高绝缘安全度并防止导线分叉，可使导线更容易插入端头。

图 6-1　欧式管型预绝缘接线端子

目前最常用的是欧式管型预绝缘接线端子（DIN 46228-4：2017-05），其结构形式如图 6-1 所示，型号规格见表 6-3。

常用管型预绝缘接线端子规格　　　　　　　　　　表 6-3

型号	导线截面积（mm²）	尺寸(mm)				DIN标准颜色
		F	L	W	C	
E0506		6.0	12.0			
E0508	0.5	8.0	14.0	2.6	1.0	白色
E0510		10.0	16.0			
E1508		8.0	14.3			
E1510	1.5	10.0	16.3	3.5	1.7	黑色
E1512		12.0	18.3			

6.1.2 常用电工工具及仪表

1. 断线钳

断线钳又叫斜口钳，是一种用来剪断电线和其他金属丝的工具。钳柄有铁柄、管柄和绝缘柄三种，带绝缘柄的为电工用断线钳，其工作电压为 1000V，可用于低压电气设备 380V 以下的电线带电作业。电工断线钳规格用全长来表示，分 130mm、160mm、180mm 及 200mm 四种规格，其外形如图 6-2 所示。

断线钳严禁超范围、超负荷使用，以免造成崩刃或卷刃。断线钳剪断电线或元件引脚时，应将线头朝向下，以防止断线时伤及操作者的眼睛或其他人。

2. 剥线钳

剥线钳为电工常用的工具之一，专供电工剥除电线头部的表面绝缘层用。"实训装置"配备的是 6.5″万用剥线钳（剥线、剪线两用），如图 6-3 所示。万用剥线钳可剥 0.5～6.0mm² 的单股电线或排线，能自动根据线径调节，避免损伤线芯。

图 6-2　断线钳

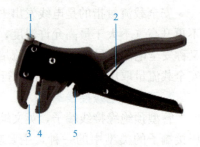

图 6-3　万用剥线钳

1—剥线力度调节旋钮；2—复位弹簧；
3—剥线口；4—限位滑块；5—剪线口

万用剥线钳操作步骤如下：

① 根据所用接线端子型号的 F 长度调整剥线钳限位滑块的位置。

② 将准备好的电缆放在剥线钳的刀刃中间，握住剥线钳手柄，将电缆夹住，缓缓用力使电缆外表皮慢慢剥落。

③ 松开剥线钳手柄，取出电缆线。

剥去导线绝缘层时，不得损伤线芯；外露线芯切口整齐，其余绝缘塑料完好无损；剥线长度直接影响到接线质量，外露线芯插进接线端子后应与端子头平齐。符合上述规定者为合格。

3. 压线钳

"实训装置"配备的是欧式端子压线钳，规格为 8.5″，压接范围（导线截面积）：0.25～0.75mm²、1.0～1.5mm²、2.5mm²、4.0mm²、6.0mm²，如图 6-4 所示。

压线钳操作步骤如下：

① 根据端子型号确定剥线长度，剥好线芯并将线芯穿入接线端子内部。

② 将穿好线的端子金属部分全部伸入压线钳对应线径的槽口，压紧压线钳，直到最后自动弹开。

图 6-5 为压接后端子正反面示意图。当将压接好管型端子插入弹簧端子时，应将管型端子的光滑平整的一面与弹簧铜片相接触。

闭合状态

槽口形状

图 6-4 欧式端子压线钳

图 6-5 压接后的端子

4. 万用表

万用表是最常见的电工仪表之一，它可以测量交流电压、直流电压、直流电流和电阻等电学量。万用表类型很多，但结构上都由表头、转换开关、测量电路等三部分组成。变动转换开关，便可选择不同的测量量及量程。有的万用表还可以测量交流电流、音频功率、阻抗、电容、电感、半导体三极管的穿透电流或直流放大倍数。

6.2
万用表的
使用

"实训装置"配备的是 UI-T UT39A＋型数字式万用表，其外形结构如图 6-6 所示。该万用表具有交直流电压、交直流电流、电阻、电容、三极管、二极管测试及通断蜂鸣等功能，电池：9V，最大显示位数：3999。

万用表使用的注意事项：

① 将量程开关转至非"OFF"挡，显示屏左下角显示电池电量。如果电池电压不足，应更换电池后方能使用该仪表。

② 表笔插孔旁边的""符号表示输入电压不应超过说明书规定的数值，这是为了保护内部线路免受损伤。

③ 测试前应预估被测量大小，将量程开关打至大一个挡位，如果无法预估时，将量程开关打至最大挡位。

④ 切勿在量程开关置于"◁▷┣♫"位置时测量电压或电流。

⑤ 切勿测量高于地电位 1000V 的直流电压或

图 6-6 UI-T UT39A＋型万用表
1—三极管测量插孔；2—声光报警指示灯；
3—量程开关；4—其余测量输入端；
5—COM 输入端；6—10A 电流测量输入端；
7—功能按键；8—LCD 显示屏

700V 的交流电压，以确保人身安全。

⑥ 在测量高电压时，注意不要接触被测电路或未使用的仪表端子。

⑦ 测量电流时，将黑色表笔插入"COM"插孔，当被测电流不超过 400mA 时，红色表笔插入"VΩmA"插孔。如果被测电流在 400mA 和 10A 之间，则将红色表笔插入"10A"插孔。其余测量红色表笔插入"VΩmA"插孔。

⑧ 测量电容时，应将电容两端短接，对电容进行放电，确保万用表的安全。

⑨ 使用完毕，应将量程开关打至"OFF"挡，长时间不用，应将电池取出。

任务 6.2 认识常用低压电器

6.2.1 按钮开关、熔断器、漏电保护器和空气开关

1. 按钮开关

按钮开关是一种按下即动作，释放即复位的用来接通和分断小电流电路的主令电器。一般用于控制接触器、继电器等电器线圈电流的接通和断开。如图 6-7 所示。

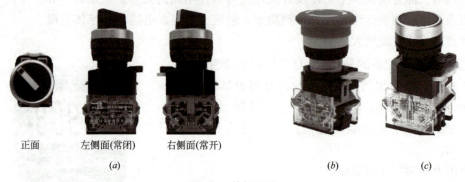

正面　　左侧面(常闭)　　右侧面(常开)
(a)　　　　　　　　　　　　(b)　　　　(c)

图 6-7　按钮开关

(a) 旋钮开关（黑色）；(b) 急停开关；(c) 撤钮开关（红色）

在实际的使用中，为了防止误操作，通常以不同的颜色加以区分，红色表示"停止"或"危险"情况下的操作；绿色表示"启动"或"接通"。急停按钮必须用红色蘑菇头式按钮。

按钮开关的结构种类很多，可分为普通撤钮式、蘑菇头式、旋钮式、带指示灯式及钥匙式等，有单钮、双钮及不同组合形式。一般是采用积木式结构，由按钮帽、复位弹簧、静触头、动触头和外壳等组成，通常做成复合式，有一对常闭触头和常开触头，有的产品可通过多个元件的串联增加触头对数。还有一种自持式按钮，按下后即可自动保持闭合位置，断电后才能打开。

6.3
按钮开关

常闭触头，平常处于接通状态，按下后断开；常开触头，平常处于断开状态，按下后接通。推锁旋放式（急停按钮），按下后断开并锁住，起到急停作用，顺时针旋转解锁并接通。

"实训装置"共配 7 只旋钮开关和 1 只急停开关，其规格及用途见表 6-4，接线示意图如图 6-8 所示。

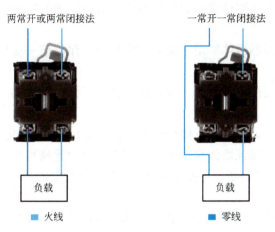

两常开或两常闭接法　　　　　一常开一常闭接法

负载　　　　　　　　　　负载

■ 火线　　　　　　　　　■ 零线

图 6-8　按钮开关接线示意

常用按钮开关的型号及技术参数（以"实训装置"所用开关为例）　　　表 6-4

型号	额定电压 V	额定电流 A	结构形式	触头对数	数量	用途
LA16-11X	400	10	旋钮式	1 常开 1 常闭	5	触摸屏开关、喷淋泵启停、生活泵 1 启停、生活泵 2 启停、排水泵启停、锅炉启停
LA16-22X	400	10	旋钮式	2 常开 2 常闭	1	控制模式的自动和手动转换开关
LA16-11J	400	10	急停式	1 常开 1 常闭	1	总电源急停开关

2. 熔断器

熔断器是指当电流超过规定值时，以本身产生的热量使熔体熔断，并断开电路的一种电器。熔断器广泛应用于高低压配电系统和控制系统以及用电设备中，作为短路和过载的保护器，是应用最普遍的保护器件之一。

熔断器主要由熔体、熔断器底座两个部分组成，其中熔体是控制熔断特性的关键元件，如图 6-9 所示。

图 6-9　RT18-32X 型 3P 熔断器和 16A 熔体

熔断器使用时的注意事项：

① 熔断器的保护特性应与被保护对象的过载特性相适应，考虑到可能出现的短路电流，选用相应分断能力的熔断器。

② 熔断器的额定电压要适应线路电压等级，熔断器的额定电流要大于或等于熔体额定电流。

③ 线路中各级熔断器熔体额定电流要相应配合，保持前一级熔体额定电流必须大于下一级熔体额定电流。

④ 熔断器的熔体要按要求使用相配合的熔体，不允许随意加大熔体或用其他导体代替熔体。

⑤ 安装熔断器底座，电源线应接在熔断器上接线座，负载线应接在下接线座。

⑥ 安装熔体时，应保证熔体和熔断器底座之间接触紧密可靠，以免由于接触处发热使熔体温度升高，发生误熔断。更换熔体时，必须先断开电源，一般不应带负载，以免发生危险。

"实训装置"的熔断器主要用于保护多台水泵及锅炉，熔体额定电流可根据最大一台水泵或锅炉额定电流的 1.5～2.5 倍与其余水泵或锅炉额定电流之和来考虑。因而选用的熔断器规格为 RT18-32X 型，额定电压 500V，额定电流 32A，级数 3P；熔体规格为 RT18，额定电流 16A，分断能力 100kA，尺寸 10mm×32mm。

3. 空气开关

6.4 空气开关

空气开关也称空气断路器，是断路器的一种，也是低压配电网络和电力拖动系统中非常重要的一种电器，它集控制和多种保护功能于一身。除了能完成接触和分断电路外，还能对电路或电气设备发生的短路、严重过载及欠电压等进行保护，同时也可以用于不频繁地启动电动机。

空气开关的工作原理：空气开关脱扣方式有热动、电磁和复式脱扣 3 种。当线路发生一般性过载时，过载电流虽不能使电磁脱扣器动作，但能使热元件产生一定热量，促使双金属片受热向上弯曲，推动杠杆使搭钩与锁扣脱开，将主触头分断，切断电源。当线路发生短路或严重过载电流时，短路电流超过瞬时脱扣整定电流值，电磁脱扣器产生足够大的吸力，将衔铁吸合并撞击杠杆，使搭钩绕转轴座向上转动与锁扣脱开，锁扣在反力弹簧的作用下将三副主触头分断，切断电源。欠压脱扣器的工作恰恰相反，在电压正常时，电磁吸力吸住衔铁，主触点才得以闭合。一旦电压严重下降或断电时，衔铁就被释放而使主触点断开。当电源电压恢复正常时，必须重新合闸后才能工作，实现了失压保护。

因为绝缘方式有很多，包括：油开关、空气开关、真空开关和其他惰性气体（六氟化硫气体）的开关。空气开关就是利用了空气来熄灭开关过程中产生的电弧，所以叫空气开关。

1P 空气开关指的是有一根线接进/出，2P 空气开关指的是有两根线接进/出，家庭常用的为 2P 空气开关，可以同时断开火线 L 和零线 N。3P 空气开关和 4P 空气开关一般是在三相电路，3P 空气开关没有零线，而 4P 空气开关的就有，因此对于电动机等可以用 3P 空气开关即可；但是对于安全性要求高一点的用电器则需要用 4P 空气开关了，这种空开火线保护加零线同断，安全可靠。如图 6-10 所示。

4P 空气开关上端接电源，下端接负载。接线一般是从左到右依次是：A、B、C、N。

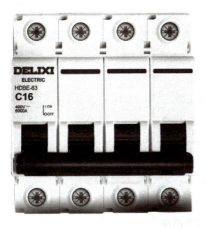
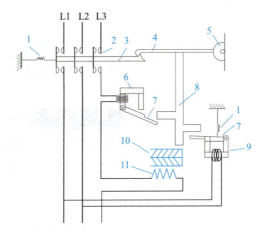

图 6-10　空气开关 DZ47-63 型 C16

1—弹簧；2—主触头；3—锁链；4—搭钩；5—轴；6—电磁脱扣器；7—衔铁；
8—杠杆；9—欠电压脱扣器；10—双金属片；11—发热元件

4. 漏电保护器和漏电断路器

　　漏电保护器，又称漏电开关，主要是用来在设备发生漏电故障时以及对有致命危险的人身触电保护。漏电保护器只有在漏电或触电时动作跳闸，短路和过载不会跳闸。其外形如图 6-11 所示。

　　空气开关是在短路和过载时跳闸，漏电触电没反应。

　　空气开关和漏电保护器两个不可相互代替，但可以同时使用。这就出现了漏电断路器，它是以上两者的结合体，装了漏电断路器就不要再用空开和漏电保护器了，如图 6-12 所示。

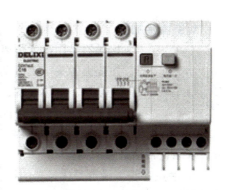

图 6-11　漏电保护器

　　"实训装置"是三相四线式 380V 电源供电的电气设备及单相设备与三相设备共用的电路，额定电压、额定电流、短路分断能力、额定漏电电流、分断时间应满足被保护供电线路和电气设备的要求。选用 NXBLE-32 4P 16A 型漏电断路器，短路和过载时跳闸，又带漏电保护。其接线如图 6-13 所示，上端接电源，下端接负载。需注意的是：不同的产品零线接线端位置可能有所不同。

空气开关　　　　　　漏电保护附件　　　　　　漏电断路器

图 6-12　漏电断路器

　　漏电断路器（保护器）安装后，应操作试验按钮，检验工作特性，确认正常工作后才允许投入使用。

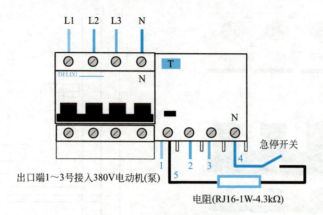

出口端1～3号接入380V电动机(泵)

电阻(RJ16-1W-4.3kΩ)

图 6-13　4P 型漏电断路器接线

6.2.2　交流接触器、热继电器和中间继电器

1. 交流接触器

6.5
交流接
触器

接触器是用于远距离、频繁地接通和断开主电路和大容量控制电路的电器。主要由触头、灭弧系统和传动机构组成。分交流、直流两种。一般用来控制电动机、电热设备、电焊机和电容器组等电力负载。

（1）交流接触器的内部结构

① 电磁系统：电磁系统包括电磁线圈和铁芯，是接触器的重要组成部分，依靠它带动触点的闭合与断开。

② 触点系统：触点是接触器的执行部分，包括主触点和辅助触点。主触点的作用是接通和分断主回路，控制较大的电流；而辅助触点是在控制回路中，以满足各种控制方式的要求。

③ 灭弧系统：灭弧装置用来保证触点断开电路时，产生的电弧可靠的熄灭，减少电弧对触点的损伤。为了迅速熄灭断开时的电弧，通常接触器都装有灭弧装置，一般采用半封式纵缝陶土灭弧罩，并配有强磁吹弧回路。

④ 其他部分：有绝缘外壳、弹簧、短路环、传动机构等。

（2）交流接触器的工作原理

交流接触器的工作原理如图 6-14 所示。交流接触器是利用电磁力与弹簧弹力相配合，实现触点的接通和分断的。交流接触器有两种工作状态：得电状态（动作状态）和失电状态（释放状态）。当电磁线圈通电后，使静铁芯产生电磁吸力，动铁芯（衔铁）被吸合，与衔铁相连的连杆带动触头动作，使常闭触点断开，接触器处于得电状态；当电磁线圈断电时，电磁吸力消失，衔铁复位，使常开触点闭合，在弹簧作用下释放，所有触点随之复位，接触器处于失电状态。

（3）交流接触器特点

① 用按钮控制电磁线圈的通断，电流很小，控制安全可靠。

② 电磁力动作迅速，可以频繁操作，常用接触器控制电动机负荷运行。

③ 可以用附加按钮实现多处控制一台电动机或遥控功能。

④ 具有失电压或欠电压保护作用，当电压过低时，接触器自动断电。

（4）交流接触器的外形结构

"实训装置"配 7 只 LC1D0610M5N 型交流接触器，其中：LC1 表示交流接触器；D 为系列；06 表示 AC-3 类别下额定电流 6A；10 表示三常开主触点、一常开辅助触点；M 表示线圈电压 220V；5 表示 50Hz；N 表示经济型。LC1D0610M5N 型交流接触器的外形结构如图 6-15 所示。

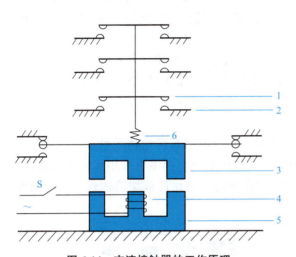

图 6-14　交流接触器的工作原理

1—动触点；2—静触点；3—动铁芯（衔铁）；
4—电磁线圈；5—静铁芯；6—复位弹簧

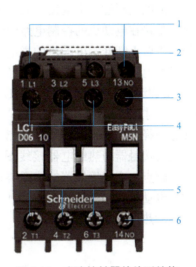

图 6-15　交流接触器的外形结构

1—主触点 A1、A2；2—工作电压；
3—常开辅助触点（进）；4—三相主触点（进）；
5—三相主触点（出）；6—常开辅助触点（出）

（5）辅助触点扩展模块

安装或调试设备时，时常会遇到辅助触点不够用的情况，这时可以外加辅助触点，其外形如图 6-16 所示。使用时将辅助触点扣在接触器的上盖上，外加的辅助触点就会同接触器的一起动作。

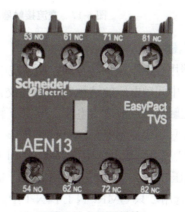

图 6-16　LAEN11 型和 LAEN13 型辅助触点扩展模块

"实训装置"配 5 只 LAEN11 型和 2 只 LAEN13 型辅助触点扩展模块。LAEN11 中的"11"表示 1 对常开、1 对常闭触点；LAEN13 中的"13"表示 1 对常开、3 对常闭触点。

2. 热继电器

热继电器是一种用于电动机或其他电气设备、电气线路的过载保护的保护元件。

热继电器发热元件、双金属片、触点及一套传动和调整机构组成。发热元件是一段阻值不大的电阻丝，串接在被保护电动机的主电路中。双金属片由两种不同热膨胀系数的金属片辗压而成。双金属片下层一片的热膨胀系数大、上层的小。当电动机过载时，通过发热元件的电流超过整定电流，双金属片受热向上弯曲脱离扣板，使常闭触点断开。由于常闭触点是接在电动机的控制电路中的，它的断开会使得与其相接的接触器线圈断电，从而接触器主触点断开，电动机的主电路断电，实现了过载保护。

热继电器动作后，双金属片经过一段时间冷却，按下复位按钮即可复位。

"实训装置"设有 3 只 JRS1D-25 型热过载继电器，壳架电流 25A，额定绝缘电压 660V，脱扣级别 10A。具有过载与断相保护，温度补偿，整定电流可调、自动和手动复位任意选择，动作指示信号等功能。

交流接触器与热继电器接线图如图 6-17 所示。热继电器有两组辅助触点：常开触点和常闭触点。交流接触器的线圈要连接热继电器的常闭触点。热继电器串接入主电路内，流过与电动机相同电流，当电动机过载达到一定程度时，热元件被加热达到一定弯曲程度，推动热继电器动作。

图 6-17　交流接触器与热继电器接线图

3. 中间继电器

中间继电器用于继电保护与自动控制系统中，以增加触点的数量及容量，在控制电路中传递中间信号。中间继电器的结构和原理与交流接触器基本相同，与接触器的主要区别在于：接触器的主触点可以通过大电流，可用于主电路或控制电路；而中间继电器的触点均为辅助触点，因此只用于控制电路。中间继电器一般是直流电源供电，少数使用交流供电。

"实训装置"选用 7 只 OMRON MY2N-J 中间继电器，触点形式为 2 开 2 闭，触点电流 5A，耐电电压 AC240V，电压规格 24V，适配底座 PYF08A。其外形结构安装接线如图 6-18 所示。选用 2 只 OMRON LY4N-J 中间继电器，触点形式为 4 开 4 闭，触点电流 10A，耐电电压 AC240V，电压规格 24V，适配底座 DTF14A。其外形结构及接线如图 6-

19 所示。

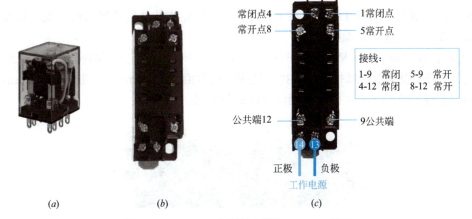

常闭点4　　1常闭点
常开点8　　5常开点

接线：
1-9　常闭　5-9　常开
4-12　常闭　8-12　常开

公共端12　　9公共端

14　13

正极　负极
工作电源

(a)　　*(b)*　　*(c)*

图 6-18　MY2N-J 中间继电器和 PYF08A 底座
（*a*）中间继电器；（*b*）底座；（*c*）接线

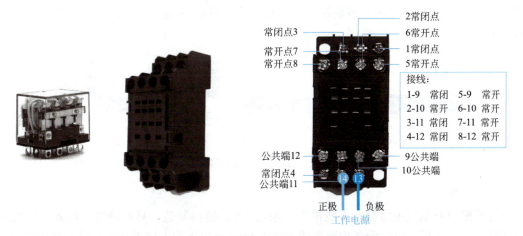

　　　2常闭点
常闭点3　　6常开点
常开点7　　1常闭点
常开点8　　5常开点

接线：
1-9　常闭　5-9　常开
2-10　常开　6-10　常开
3-11　常闭　7-11　常开
4-12　常闭　8-12　常开

公共端12　　9公共端
常闭点4　　10公共端
公共端11

14　13

正极　负极
工作电源

图 6-19　LY4N-J 中间继电器和 DTF14A 底座

任务 6.3　电工操作技能

6.3.1　安装接线工艺要求

1. 导线的连接

　　导线的连接是电工重要的基本工艺之一。线头连接的质量关系着电路运行的可靠性和安全性。线头连接的基本要求是：电接触良好、机械强度足够、美观和绝缘性良好。

　　线头的连接分三个步骤：线头绝缘层的剖削、线头的连接和线头绝缘层的恢复。

导线连接为电工操作基本技能，其详细工艺要求本教材不再赘述。

2. 端子排

端子排可承载多组相互绝缘的端子组件并用于固定支持件的绝缘部件。端子排使得接线牢靠、美观，且施工、维护方便。

"实训装置"端子排规格为 JF6-6/8，如图 6-20 所示。共有上下两排，每排 5 组共 40 个接线位。JF6 表示组合型接线端子排，适用导线截面 1.5～6mm²，剥线长度 10mm（对应的端子型号：E0510），8 接线位/组，M4 螺钉安装。

图 6-20　JF6-6/8 端子排

当将压接好管型端子与端子排连接时，应将端子金属部分全部伸入端子排插孔中，如图 6-21 所示。当端子排接入多根线缆时，应依次连接接线端子，且接线端子外部绝缘部分应相互平行。

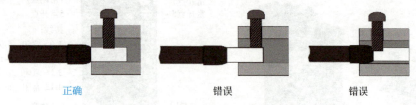

正确　　　　　　　　错误　　　　　　　　错误

图 6-21　管型端子与端子排连接

3. 行线槽

行线槽也叫电气配线槽、走线槽等，采用 PVC 塑料制造，具有绝缘、防弧、阻燃自熄等特点。主要用于电气设备内部布线，在 1200V 及以下的电气设备中对敷设其中的导线起机械防护和电气保护作用，且配线方便，布线整齐，安装可靠，便于查找、维修和调换线路。

行线槽由槽底及槽盖组成，槽底两侧设有出线孔，其外观如图 6-22 所示。行线槽布线时，导线不应超过行线槽容积的 2/3，以确保散热，"实训装置"选用行线槽规格为 50mm（宽）×50mm（深）。

图 6-22　行线槽

敷线完成后，槽盒盖板应复位，盖板应齐全、平整、牢固。

4. 号码管

号码管又称线号管，是电气接线的重要组成部分之一。接线过程中套号码管，且号码管上标明线号或者设备回路号，可让电气维修人员快速、准确地看明白这条线是从哪里来，要去哪里。

号码管安装效果图如图 6-23 所示，安装时需注意几下几点：

① 号码管和图纸线号应一一对应。

② 号码管方向必须正确。当号码管水平方向或置于接线端子两侧时，号码管文字方向从左往右读数；当号码管垂直方向或置于接线端子上下两侧时，号码管文字方向从下至上读取。

③ 导线在端子处单个独立接线时，号码管应紧靠端子一侧。导线在端子或者用电设备上成排接线时，端子排或电器元件大小一致时，号码管应紧靠接线端子侧；端子排或用电设备大小不一、排列参差不齐时，号码管应相互对齐，排列成行。

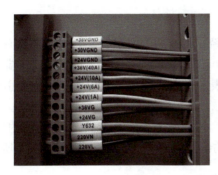

图 6-23　号码管安装效果图

号码管规格与电线规格相匹配，常用号码管规格见表 6-5。

PVC 号码管规格及技术参数　　　　　　　　　　　　　　　　　表 6-5

规格（mm²）	0.5	0.75	1.0	1.5	2.0	2.5	4.0	6.0
适用电线（mm²）	0.5	0.75	1.0	1.5	2.0	2.5	4.0	6.0
号码管内径（mm）	1.5	2.0	2.5	3.0	3.5	4.0	4.5	5.0

6.3.2　电动机的接线

电动机是利用电磁感应原理将电能转换为机械能的一种设备。电动机按使用电源不同分为直流电动机和交流电动机，交流电动机按使用交流电的相数又分为三相电动机和单相电动机。在三相电动机中，笼型异步电动机结构简单、运行可靠，使用极为广泛。

1. 三相笼型异步电动机基本结构

三相异步电动机主要由定子、转子和其他附件组成，如图 6-24 所示。

① 定子由定子铁芯、定子绕组和机座三部分组成。定子铁芯是电机磁路的一部分，并在其上放置定子绕组；定子绕组是电动机的电路部分，通入三相交流电，产生旋转磁场。

② 转子由转子铁芯、转子绕组（笼型绕组）和转轴三部分组成。转子铁芯作为电机磁路的一部分以及在铁芯槽内放置转子绕组；转子绕组切割定子旋转磁场产生感应电动势

及电流，并形成电磁转矩而使电动机旋转。

③ 其他附件主要有端盖、轴承、轴承端盖、冷却风扇等。

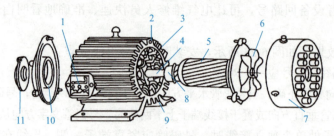

图6-24　三相笼型异步电动机结构

1—接线盒；2—定子铁芯；3—定子绕组；4—转轴；5—转子；6—风扇；7—罩壳；
8—轴承；9—机座；10—端盖；11—轴承盖

2. 定子绕组和电动机接线盒

三相异步电动机的三相定子绕组每相绕组都有两个引出线头。一头叫做首端，另一头叫末端。规定第一相绕组首端用 U1 表示，末端用 U2 表示；第二相绕组首端用 V1 表示，末端用 V2 表示；第三相绕组首端用 W1 表示，末端用 W2 来表示。这六个引出线头引入电动机接线盒的接线柱上。

电动机接线盒的接线柱分上下两排，上排三个接线柱自左至右排列的编号为 W2、U2、V2，下排三个接线柱自左至右排列的编号为 U1、V1、W1。如图 6-25 所示。

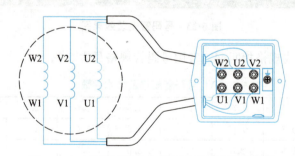

图 6-25　三相笼型异步电动机定子绕组和接线盒

3. 电动机的星形联结或三角形联结

6.6 电动机三角形和星形接线

将三相绕组首端 U1、V1、W1 接电源，尾端 W2、U2、V2 连接在一起，称为星形（Y 形）联结。若将 U1 接 W2、V1 接 U2、W1 接 V2，再将首端 U1、V1、W1 接电源，称为三角形（△形）联结。如图 6-26 所示。

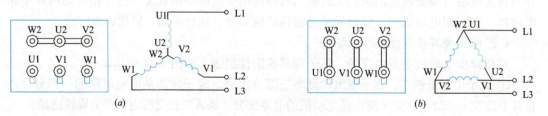

(a)　　　　　　　　　　　　　　　*(b)*

图 6-26　三相绕组联结

（a）Y 形联结；（b）△形联结

6.3.3　变频器的安装与使用

"实训装置"采用西门子 MicroMaster420 变频器，主要用于控制和调节三相交流异步电机（生活泵）的转速。420 变频器外形结构如图 6-27（a）所示。

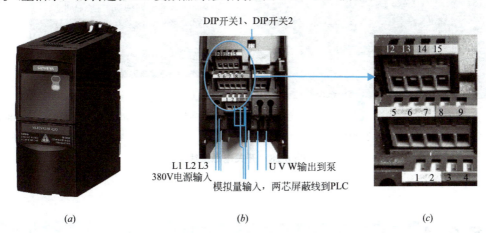

图 6-27　MicroMaster420 变频器

（a）外观；（b）接线；（c）放大图

在安装前，将电源频率设置成欧洲制式，即将 DIP 开关 2 保持在缺省的 50Hz 的位置（向下）。DIP 开关 1 不开放给用户。

本机主电路输入电源为 AC380V，从 L1、L2、L3 端子输入；U、V、W 端子输出到交流接触器，如图 6-27（b）所示。接线详图如附图 6 控制回路接线示意图所示。

本机控制电路为外部模拟量给定工作模式，模拟量通过 3、4 端子输入，其中 3 号端子为正端，4 号端子为负端，如图 6-27（c）所示。将端子 5 和端子 8 进行短接，通过参数设置（详见 M420 手册），可使其处于外部模拟量给定工作模式。

本机参数设置如下：

P0003＝2，P0004＝0，P0010＝1，P0100＝0，P0304＝380，P0305＝1.5，P0307＝0.37，P0310＝50，P0311＝2800，P0700＝1（变频器运行时，按 BOP 面板上的启动键），P1000＝2，P1080＝0，P1082＝50，P1120＝10，P1121＝10，P3900＝1。

6.3.4　开关电源的安装与使用

开关电源是一种高频化电能转换装置，是电源供应器的一种。其功能是将一个位准的电压，透过不同形式的架构转换为用户端所需求的电压或电流。

"实训装置"选用 HS-100-24 开关电源，110V/220V 输入电压可调，额定功率 100W，输出电压 24V。

安装开关电源时，金属外壳应可靠接地，以确保安全，不可误将外壳接在零线上。两个"＋V"输出端子和"COM"输出端子，分别同属一个输出电极，只是为了使用户接线方便，在内部是并接在一起的。为了达到充分散

6.7
开关电源

热的，一般开关电源宜安装在空气对流条件较好的位置，或安装在机箱壳体上通过壳体将热传出去。开关电源接线如图 6-28 所示。

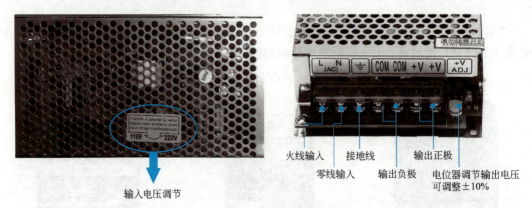

输入电压调节

火线输入　接地线　　输出正极
零线输入　　输出负极　电位器调节输出电压
　　　　　　　　　　　可调整±10%

图 6-28　开关电源接线

任务 6.4　建筑设备电气安装

6.4.1　电气图的识读

1. 电路图

根据国家规定的标准，采用相应的图形符号、文字符号和线条连接来表明各个电器元件、设备的连接关系和电路的具体安排的图形叫电路图。常用的电气图形符号和文字符号见表 6-6。

电气图常用图形符号和文字符号 表 6-6

名称		图形符号	文字	名称	图形符号	文字
一般三极电源开关			QS	熔断器		FU
低压断路器			QF	热继电器	线圈	FR
按钮	启动	E-\	SB			
	停止	E-7			常闭触点	

续表

名称		图形符号	文字	名称	图形符号	文字
中间继电器	线圈	（符号）	KA	线圈	（符号）	
	常开触点	（符号）		常开延时闭合触点	（符号）或（符号）	
	常闭触点	（符号）		常闭延时打开触点	（符号）或（符号）	KT
三相笼型异步电动机		Ⓜ 3～	M	常闭延时闭合触点	（符号）或（符号）	
接地		（符号）	E	常开延时打开触点	（符号）或（符号）	
保护接地		（符号）	PE			
接触器	线圈	（符号）	KM	照明灯	⊗	EL
	主触点	（符号）		信号灯	⊗	HL
	常开辅助触点	（符号）		电阻器	（符号）	R
	常闭辅助触点	（符号）		电容	（符号）	C

电路图一般分为主电路和辅助电路两大部分，如图 6-29 所示。

① 主电路中通过的电流比较大，它主要是对电动机等主要用电设备供电，通常用粗实线画在图纸左边或者上部，它受辅助电路的控制。

② 辅助电路主要是对于控制电器供电，它是控制主电路动作的电路，所以又叫控制电路或控制回路，一般用细实线画在图纸右边或下部。

6.8
电路图和
电动机自
锁运行

通常在熟记电气图形符号的基础上，就可以阅读电路图。一般看图步骤为：

① 先看主电路中有哪些用电设备，其用途和工作特点是什么，例如电动机的启动方式，有无正、反转、调速和制动等要求。

② 再看控制电路，要搞清它的回路构成、各元件间的联系（如顺序、互锁等）、控制

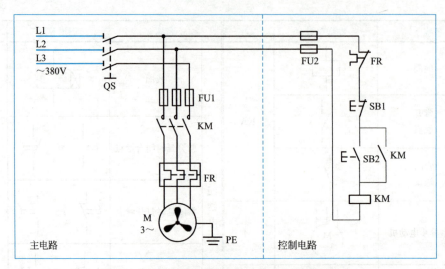

图 6-29　有过载保护的电动机自锁运行控制电路图

关系和在什么条件下回路构成通路或断路，分析各回路元件的工作状况及其对主电路的控制情况，从而搞清楚整个系统的工作原理。

③ 最后看其他电路，如照明、信号、保护电路等。在保护电路中要看有多少种保护元件，保护元件的保护回路是反馈给哪里的。

电路图中还有文字说明和元件明细表等，这些总称为技术说明。文字说明中注明了电路的某些要点和安装要求，元件明细表列出电路元器件的名称、符号、规格和数量等，都要仔细阅读。

2. 接线图

通过识读电路图，可以指导画接线图并安装接线。有过载保护的电动机自锁运行控制实物接线如图 6-30 所示。

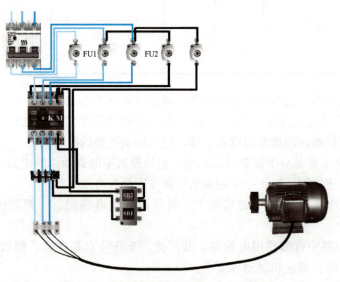

图 6-30　电动机自锁运行控制实物接线图

① 本例中主电路用电设备为三相交流电动机，由交流接触器 KM 控制；QS 为刀开关，用来控制电源；FU 代表保险丝（熔断器），作为短路保护装置；FR 代表热保护，作为过载保护装置；主电路的电源电压是 380V。

② 本例中辅助电路的电源线从主电路的两根相线上接来，其电压为 380V。

③ 本例中其他电路有照明、信号、保护等，这些电路一般比较简单，只要看清它们的线路走向、电路的来龙去脉即可。

3. 运行操作步骤

电动机自锁运行控制操作步骤如下：

① 合上电源开关。合上电源开关 QS，电源引入。

② 按动启动按钮 SB2，电动机运行。按下启动按钮 SB2，控制电路中接触器 KM 线圈通电，控制电路中 KM 动合辅助触点闭合，松开 SB2 后，KM 线圈仍然通电并提供给回路，这种使接触器通电后仍能自动保持动作状态的方法称为自锁。同时，主电路中 KM 动合主触点闭合，电动机通电转动。

③ 按动停止按钮 SB1，电动机停止运行。停止电动机工作，只需按下停止按钮 SB1 即可。按下 SB1，控制电路断电，接触器 KM 线圈失电，各触点复位，电动机因被切断电源而停止运行。

电路中，FR 是热继电器，它可以为电动机提供过载保护，热继电器的热元件串接在主电路中，其动断触点串接在控制电路中，当发生过载故障时，电动机定子绕组中的电流会大大增加超过额定值，过大电流所产生的热量会使热继电器的双金属片弯曲，从而推动其动断触点断开，切断控制电路，避免电动机因长时间过载而烧毁。

6.4.2　绘制电气原理图

电气原理图是电路图的一种，用来表明设备电气的工作原理及各电器元件的作用，相互之间的关系的一种表示方式。

【工作任务】根据系统控制功能要求及端口定义表（附表 1），在现场提供的部分电路图纸上手绘补充完成消防喷淋灭火控制系统、生活给水变频控制系统、锅炉控制系统和排水控制系统的电气原理图。

现场提供 4 张图纸，分别为：

① 控制回路接线图（主电路图），如图 6-31 所示。

② 继电器控制图，如图 6-32 所示。

③ PLC 控制电路图（指示灯图），如图 6-33 所示。

④ PLC 检测与控制电路图，如图 6-34 所示。

选手完成补图后，在规定的时间提交。提交后，裁判发放标准电路图供选手接线用。

上述 4 张补图的答案见 2019 年建筑设备安装与调控（给排水）竞赛任务书的附图 6～附图 9。"THPWSD-1A 型给排水设备安装与调控实训装置"实物接线图如图 6-35 所示，可供选手和读者参考学习。

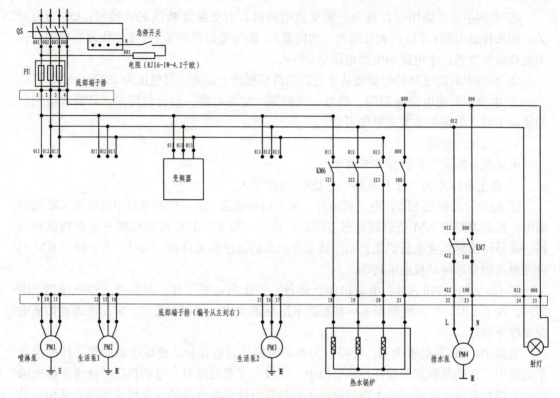

图 6-31　控制回路接线示意

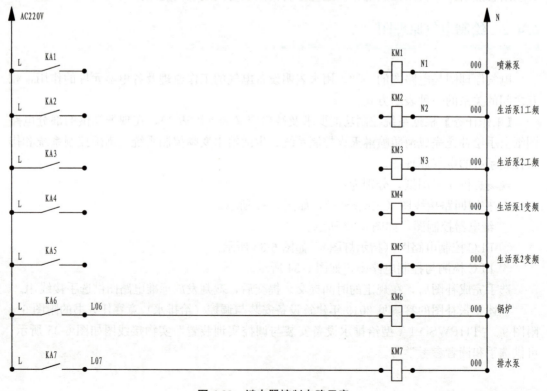

图 6-32　继电器控制电路示意

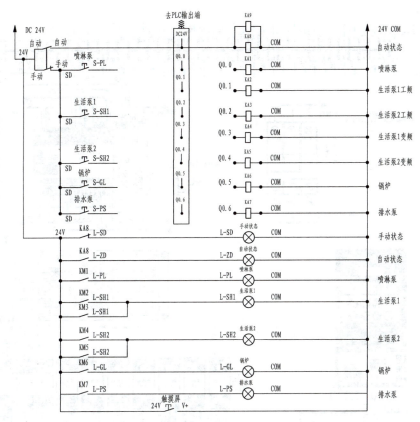

图 6-33　PLC 控制电路（指示灯图）示意

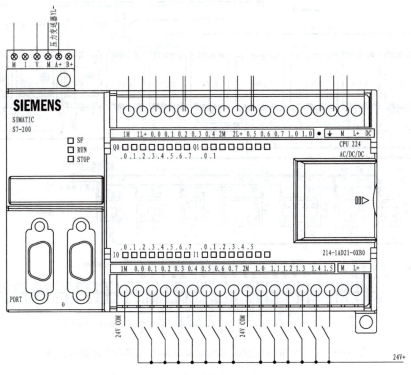

图 6-34　PLC 检测与控制电路示意

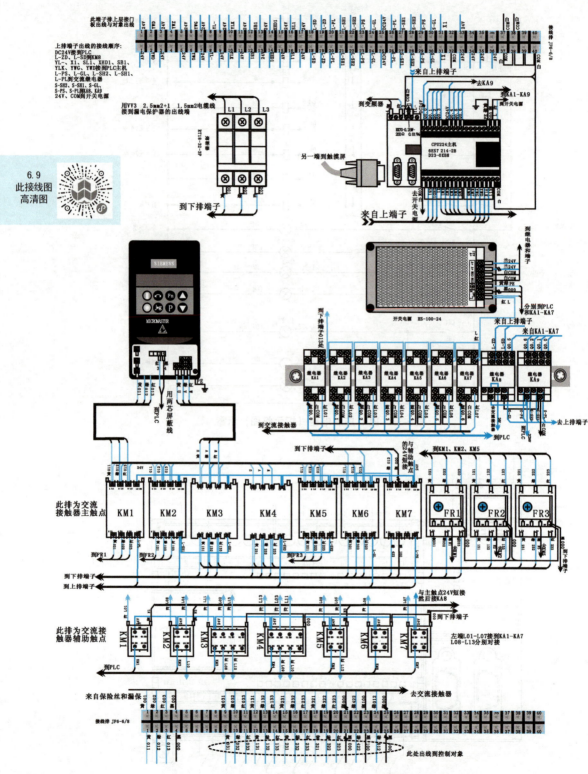

图 6-35　THPWSD-1A 型给排水设备安装与调控实训装置接线图

6.4.3　水泵及给水排水系统附件设备的接线

【工作任务】根据调试功能要求完成设备上消防喷淋灭火控制、生活冷水给水控制、热水给水控制、排水控制、PLC检测、PLC控制线路的电气接线。

此工作任务为两种，一种是完成所有电气接线，另一种是补充接线，可根据赛题需要设计不同的考点。"实训装置"电器元件布局图如附图5所示。电气接线除应符合《建筑电气工程施工质量验收规范》GB 50303—2015等相关规范规定外，还必须满足如下要求：

① 连接接线端使用管型端子（线鼻）可靠压接或搪锡；

② 接线端子必须套有号码管，号码用记号笔手写；

③ 电源线续接处应用热缩管、套管等工艺用料进行保护；

④ 走线应美观；

⑤ 端子排编号参照附表1。

1. 喷淋泵的接线

"实训装置"喷淋泵选用MHI403-1型增压泵，铭牌上标有"△ 220V／Y 380V"，表示电源电压如果为220V三相交流电，定子绕组为△形联结；如果接入电源为380V三相交流电，定子绕组为Y形联结。我国采用380V三相交流电，因此喷淋泵定子绕组为Y形联结，实物接线图如图6-36所示。

电源线为四芯护套线（RVV 4×1.5），其中黄绿双色线是接地线，其余的三根是相线（棕、黑、蓝）分别接U1、V1、W1接线柱。

图6-36　喷淋泵接线盒Y形联结

接入电源线后可根据出口压力或出口流量的大小来判断转向是否正确，水泵的出水量大说明接线正确，反之接线错误，此时调换一下任意两根线的相序即可。在实践中，试验时水泵工作时间最好限制在1min内。

6.10
三相电动
机正反转
控制电路

2. 生活泵的接线

"实训装置"生活泵为两台20CQ-12P磁力泵。磁力泵又称磁力驱动泵，主要由泵头、磁力传动器（磁缸）、电动机、底座等组成。磁力传动器由外磁转子、内磁转子及不导磁的隔离套组成。当电动机通过联轴器带动外磁转子旋转时，磁场能穿透空气间隙和非磁性物质隔离套，带动与叶轮相连的内磁转子作同步旋转，实现动力的无接触同步传递，将容易泄露的动密封结构转化为零泄漏的静密封结构。由于泵轴、内磁转子被泵体、隔离套完全封闭，从而彻底解决了"跑、冒、滴、漏"问题。磁力泵工作原理示意图如图6-37所示。

磁力泵电动机电源为380V三相交流电，电动机定子绕组为△形联结，实物接线图如图6-38所示。电源线为四芯护套线（RVV 4×1.5），其中黄绿双色线是接地线，其余的三根是相线（棕、黑、蓝）分别接U1、V1、W1接线柱。

3. 排水泵（污水泵）的接线

"实训装置"选用WILO PB088EA型增压泵，交流电源220V、50Hz，输出功率60W。

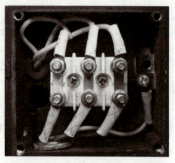

立体展示

图 6-37　磁力泵工作原理示意　　　　图 6-38　生活泵接线盒△形联结

1—内磁转子；2—外磁转子；3—隔离套

内置流量开关，可实现流量控制自动启停。其接线图如图 6-39 所示。

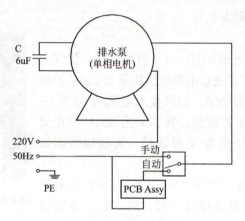

图 6-39　排水泵接线图

4. 生活给水系统附件的接线

（1）脉冲远传水表

脉冲远传水表一般采用干簧管来实现物理量到电信号的转换，工作原理如下：当水表内有水通过时，使水表内部的旋翼带动齿轮转动，齿轮上带有永久磁铁，当永久磁铁经过干簧管的位置时，会使干簧管导通，这样便将水量转换成开关信号；通过转换电路转换成脉冲信号。

远传水表安装接线采用两芯屏蔽线（RV-VP 2×0.5），一根接 24VDC 电源，另一根输出开关量 0/1 脉冲信号接到 PLC I0.0 端口。如图 6-40 所示。

（2）压力变送器的接线

"实训装置"选用的是 KYB600 压力变送器，它由扩散硅压力传感器、测量电路和过程连接件三部分组成。将压力传感器感受到的流体压力参数转变成标准的电信号，提供给 PLC 进行测量、指示和过程调节。

永磁

N　　　S

接电源 +24VDC

干簧管

输出信号：开关量
接PLC

图 6-40　脉冲水表接线示意

6.11
干簧管和
脉冲远传
水表、浮
球液位计

124

KYB压力变送器接线方式采用二线制电流输出，两芯屏蔽线（RVVP 2×0.5），一根为电源线，连"OUT＋"接 24VDC 电源；另一根为信号线，连"OUT－"到 PLC 模拟量输入 A＋端口，输出 4～20mA，0～10VDC 标准电信号。"TEST"端口用于厂家校准和检验。如图 6-41 所示。

+24VDC

到PLC A+端口

图 6-41　KYB 压力变送器接线

5. 消防给水系统附件的接线

6.12
微动开关
（信号蝶阀、
压力开关、
水流指示器）

（1）信号蝶阀

信号蝶阀是消防工程中作为 ZS 系列自动喷水灭火系统的控制阀，是一种蜗轮传动对夹式带有信号装置的蝶阀。有显示灭火装置水源启闭状态功能。该产品具有结构简单、重量轻、操作简便、密封性能好、启闭灵活、显示位置准确、可靠等特点。如图 6-42（a）所示。

旋转蜗轮蜗杆传动装置手轮，可以使蝶板达到启闭及调节流量的目的，手轮顺时针方向旋转为阀门关闭。转动手轮，其内部凸轮转至预定位置将信号装置上触头压下或放开，相应输出"通""断"电信号，显示蝶阀的启闭状态。

接线时先拆下信号蝶阀塑料外壳，其内部 KW11-2c 型微动开关有三个接线脚：NC、NO、COM，即：常闭端、常开端、公共端。信号蝶阀平时常开（手轮打至"ON"），在关闭时（检修时手轮打至"OFF"可关闭蝶阀）应发出报警信号，因此"NC"端为蓝线作为输出信号线接至 PLC I0.1 端口，"COM"端为红线接电源 24VDC。接线完毕，可旋转手轮检查有无启闭信号输出。如图 6-42（b）所示。

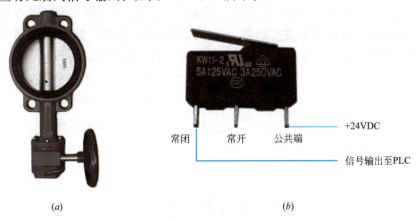

常闭　　常开　　公共端

+24VDC

信号输出至PLC

（a）　　　　　　　　　　　　　　　（b）

图 6-42　信号蝶阀及其微动开关接线
（a）信号蝶阀；（b）微动开关

（2）压力开关

湿式报警阀组中的压力开关是将水压信号转换为电信号的装置。"实训装置"选用 ZSJY1.2BP 型压力开关，压力开关的信号线在不动作时处于常开状态，动作后闭合。接线如图 6-43 所示，"常开"端为输出信号线接至 PLC I1.4 端口，"COM"端接电源 24VDC。

图 6-43　压力开关及接线

（3）水流指示器

ZSJZ 型水流指示器由膜片、调节螺钉、延迟电路、微动开关及连接部件等组成。其工作原理是利用喷淋管网内水的流动推动叶片，触动微动开关，延迟电路确定水流有效后，将水流信号转换成电信号与控制器连接，以启动火灾自动报警系统。

水流指示器接线同压力开关，微动开关"常开"端为输出信号线接至 PLC I1.5 端口，"COM"端接电源 24VDC。

6. 生活热水系统电加热锅炉的接线

"实训装置"热水锅炉容量 7L，功率 2kW，为三相电阻加热炉，采用 Y 形接线，中性点不接地运行。锅炉本身有漏电保护器，型号为 DZ47LE-32 D10。接线时采用 RVV 5×1.5 三相五线，其中三根相线、一根接零、一根保护接地。

7. 生活排水系统附件的接线

浮球液位计由干簧管开关和浮球（永久磁铁）组成，用于水箱的水位控制和报警。浮球液位计导管内固定高、低液位两个干簧管开关 SL1 和 SL2，导管外套一个能随水位移动的浮球，浮球中固定一个永久磁环，当浮球随水位移动到上或下水位时，对应的干簧管接收到磁信号而动作，发出水位电开关信号。干簧管开关触点有常开和常闭两种形式，其组合方式有一常开和一常闭的水位控制器、两常开的水位控制器。如图 6-44 所示，SL1 为常闭触点干簧管开关，SL2 为常开触点干簧管开关，用于排水控制。

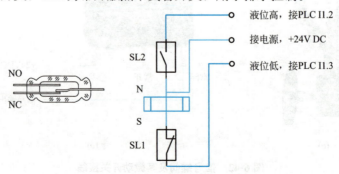

图 6-44　浮球液位传感器排水控制接线

浮球的上下限动作点已根据污水箱的排水要求在出厂时调整好，安装时不要随意调整浮球位置。浮球液位计接线采用 6 芯屏蔽线（RVVP 6×0.5），在实训中应正确接线，实现检测水位为高位时报警且启动排水泵排水，检测水位为低位则停止排水泵排水。

8. 接地

喷淋泵、生活泵 1、生活泵 2 和排水泵必须可靠接地，所有接地线均与电气柜底层接地端子排相连接。如图 6-45 所示。

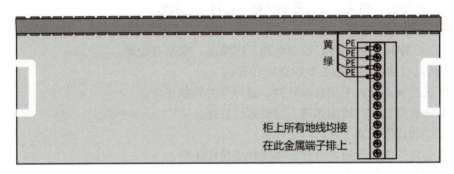

图 6-45　接地线

6.4.4　建筑电气质量验收

本项目建筑电气质量验收包括两部分，一是工艺验收，二是功能验收。

1. 工艺验收

工艺验收主要为观察检查，主要检查项目有布线和接线工艺两项。

（1）布线工艺

布线工艺检验为观察检查，标准如下：

① 布线合理，行线槽内导线不超过行线槽容积的 2/3。

② 导线敷设长度留有适当裕量。

③ 线缆弯曲半径不应小于线缆允许弯曲半径，弯曲时不应损伤线芯。

④ 配线应排列整齐，横平竖直，牢固美观，不得飞线。

⑤ 不同电压等级、交流、直流线路及控制线路应分别绑扎，且应有标识。

（2）接线工艺

1）接线端子压接和导线续接工艺检验标准如下：

① 按导线的线径大小正确选择压接端子规格。

② 剥去导线绝缘层的长度符合规定，剥绝缘层时不得损伤线芯。

③ 导线的所有金属丝完全包在接线端子内，无散落铜丝。

④ 压接部位符合规定，压接后强度符合规定，接头无松动，续接后导电性能良好。

⑤ 电压端子同一接点最多压接两根导线，电流端子必须两端对接。

⑥ 端子排安装牢固，序号清晰、严禁涂改。

⑦ 接地线与 PE 排连接可靠。

2）号码管检验标准如下：

① 号码管型号与导线的线径一致。

② 号码管书写清晰，严禁涂改。

③ 号码管书写方向正确，以开关柜正向前视方向为准，自下而上，从左而右视读。

④ 号码管直角剪切，长度一致。低压柜号码管长 18mm，高压柜号码管长 25mm。

2. 功能验收

（1）手动运行

手动试运行前，相关电气设备和线路应通过工艺验收。

对现场安装的喷淋泵、生活泵、排水泵、锅炉及系统附件试通电，试验检查继电器控制电路、PLC 控制电路、PLC 检测电路工作情况，观察并记录。

手动试运行功能验收的主要检查项目有：

① 开关控制正确，手动自动转换、急停开关功能正常。

② 泵的启停正常、转向正确、空载运行良好。

③ 锅炉的启停正常。

④ 所有附件连线导通，常开、常闭触点接线正确。

⑤ 照明通电运行正常。

（2）自动运行

完成手动试运行后，将系统转为自动运行。在 PLC、通信和力控等正确状态下，结合项目 7 和项目 8 进行自动运行调试，电气设备安装应能实现自动控制所有的设计功能。

项目7

自动控制系统的设计与调试

教学目标

1. 知识目标

（1）了解西门子 S7-200 PLC 基本结构、工作原理，熟悉 PLC 端子配线；

（2）熟悉 STEP 7-Micro/WIN V4.0 SP3 编程软件的使用；

（3）熟悉梯形图的编程规则，掌握基本逻辑指令、功能指令的应用；

（4）掌握 PLC 在给水排水系统自动控制中的应用。

2. 能力目标

（1）会安装 STEP 7-Micro/WIN V4.0 SP3 编程软件；

（2）能根据 IO 地址分配表进行 PLC 端子配线；

（3）能根据系统自动控制的要求设计 PLC 控制程序，并熟练运用编程软件进行联机调试。

思维导图

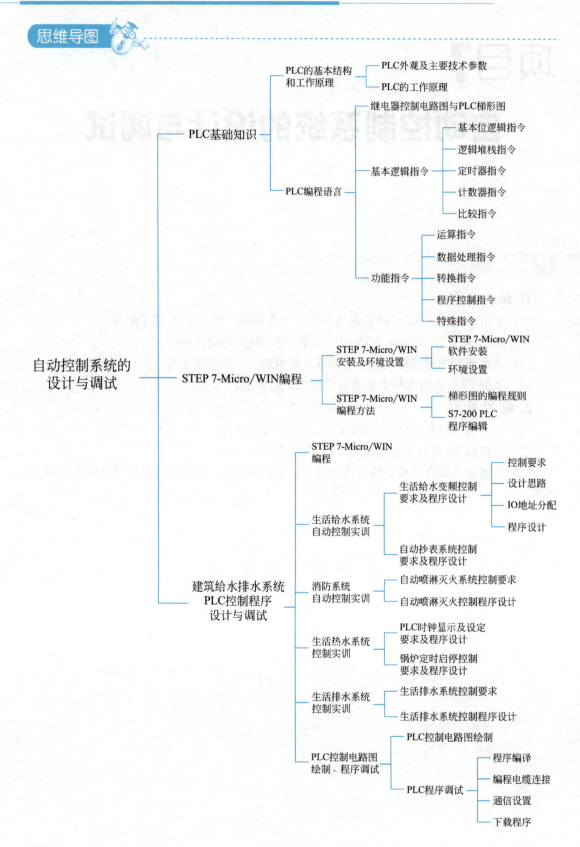

引文

　　"THPWSD-1A 型给排水设备安装与调控实训装置"的给水排水自动控制系统主要有电气控制柜、触摸屏、操作开关、工作状态指示灯、PLC 控制器、变频器、低压电气、水泵、水表、传感器（浮球液位计、压力开关、水流指示器、信号蝶阀、压力变送器）、组态监控软件等组成。通过控制系统可实现给水排水系统的自动化控制功能。

　　控制系统分手动和自动两种工作状态。在手动状态下，可通过控制柜面板上的开关进行各设备的启动和停止，手动状态主要用于系统的调试运行；在自动状态下，可通过 PLC 控制器和组态软件实现设备的控制与状态检测。手动状态及自动状态下，控制柜上的指示灯均可指示设备工作状态（灯亮代表工作，灯灭代表停止）。

　　PLC 控制器是可编程序逻辑控制器（Programmable Logic Controller，PLC）的简称，是在传统的继电-接触器控制系统基础上，融自动化技术、计算机技术、通信技术为一体的新型工业控制装置。具有结构简单、可靠性高、灵活通用、使用方便等特点。广泛应用于工业、化工、交通、电子等诸多领域，已成为现代工业自动化的三大支柱（PLC、机器人、CAD/CAM）之一。

　　本项目主要学习 PLC 控制器及其编程。运用西门子 STEP 7-Micro/WIN 编程软件进行程序设计，运用西门子 S7-200 PLC 对生活系统单泵变频、生活系统单、双泵变频切换、自动抄表、自动排水系统、消防自动系统等项目进行调试和控制。

任务 7.1　PLC 基础知识

　　德国西门子公司生产的 S7-200 PLC 是一种小型的 PLC，它具有结构紧凑、扩展性好、功能模块丰富、指令系统强大以及价格低廉等特点，广泛应用于各种自动化系统，是各种小型控制任务理想的解决方案。

7.1.1　PLC 的基本结构和工作原理

1. PLC 外观及主要技术参数

　　西门子公司 S7-200 PLC 具有 5 种不同的 CPU 结构配置，"实训装置"选用西门子公司 S7-200 型 PLC，为该系列的第二代产品，CPU 型号：CPU224XP CN AC/DC。（下文未特别说明的，"S7-200"均指 CPU 型号为 CPU224XP CN AC/DC 的 PLC。）

　　（1）主机外形

　　S7-200 主机的外形如图 7-1 所示。主机包括一个中央处理器 CPU、数字 I/O、通信口及电源。主机的主要功能是采集输入信号通过中央处理器运算，将生成的结果传给输出装置，然后输出控制信号，驱动外部负载。

7.1
S7-200
介绍

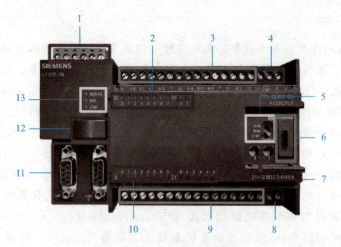

图 7-1　S7-200 整体外观图

1—A I/O 输入端；2—输出指示灯；3—输出端子；4—电源；5—工作方式选择开关；
6—扩展电缆或 EM；7—内置模拟量调节器；8—24V DC 输出；9—输入端子；
10—输入指示灯；11—RS485 通信端口；12—存储卡；13—工作状态指示灯

（2）PLC 硬件组成

S7-200 CPU 将微处理器、集成电源、输入电路和输出电路集成在一个紧凑的外壳中，从而形成了一个功能强大的 Micro PLC，其硬件组成是由电源、输入部分、运算控制部分、输出部分和通信接口组成。如图 7-2 所示。

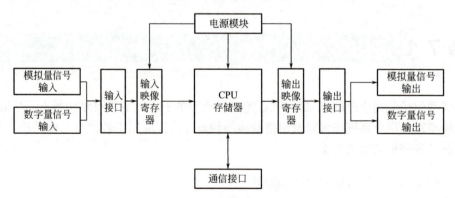

图 7-2　PLC 硬件组成图

（3）S7-200 CPU 的主要技术参数（表 7-1）

S7-200 CPU 的主要技术参数　　　　　　　　　　　　　　表 7-1

特性		参数
外形尺寸(mm×mm×mm)		140×80×62
程序存储器	在线程序编辑时	12288 字节
	非在线程序编辑时	16384 字节
数据存储器		10240 字节

续表

特性		参数
掉电保护时间		100 小时
本机数字量 I/O		14 输入/10 输出
本机模拟量 I/O		2 输入/1 输出
扩展模块数量		7 个模块
高速计数器	单相	4 路 30kHz　　2 路 200kHz
	两相	3 路 20kHz　　1 路 100kHz
脉冲输出（DC）		2 路 100kHz
模拟电位器		2
实时时钟		内置
通信接口		2 RS485
浮点数运算		是
数字 I/O 映像大小		256（128 输入/128 输出）
布尔型执行速度		$0.22\mu s$/指令

（4）输入与输出接线（图 7-3）

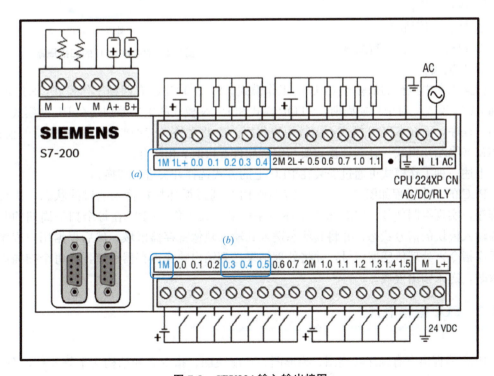

图 7-3　CPU224 输入输出接图

（a）高速输出点 Q0.0 和 Q0.1 与 Q0.2-Q0.4 成组支持 5-24VDC 电压输出；

（b）特高速输入点 I0.3/I0.4/I0.5 支持 5-24VDC 电压的源型或漏型输入；同组其他输入
点电压可以仍然是 24VDC，但要求两者的电源的公共端在 1M 处连接。

2. PLC 的工作原理

（1）PLC 的等效电路

在 PLC 中有大量的、各种各样的继电器，如输入继电器（I）、输出继电器（Q）、辅助继电器（M）、定时器（T）、计数器（C）等。不过这些继电器不是真正的继电器，而是用计算机中的存储器来模拟的，把它叫作软继电器。

存储器中的某一位就可以表示一个继电器，这种继电器也叫位继电器。

存储器中的一位有两种状态："0"和"1"。我们用 0 表示继电器失电，用 1 表示继电器得电。把"0"或"1"写入存储器中的某一位就表示对应的继电器线圈失电或得电。

读出该存储器某位的值为 0 时，表示对应继电器的常开触点断开；为 1 时，表示对应继电器的常开触点闭合。而常闭触点的值是对存储器位的取反。

读存储器的次数是不受限制的，所以一个位继电器的接点从理论上讲是无穷多的。

（2）PLC 的工作过程

S7-200 CPU 连续执行用户程序，任务的循环序列称为扫描。如图 7-4 所示，CPU 的扫描周期包含以下任务：

① 读输入。

② 执行程序。

③ 处理通信请求。

④ 执行 CPU 自诊断测试。

⑤ 写输出。

图 7-4 S7-200 CPU 的扫描周期

扫描周期中执行的依赖于 CPU 的工作模式。S7-200 CPU 有两种工作模式：STOP 模式和 RUN 模式。对于扫描周期，STOP 模式和 RUN 模式的主要差别是在 RUN 模式下运行用户程序，而在 STOP 模式不运行用户程序。除此之外，S7-200 还有一种独特的模式：TERM（终端）模式，且这种模式要与编程软件 STEP 7 相结合。

上述三种工作模式可通过安装在 PLC 上的方式选择开关进行切换。

PLC 的工作过程如图 7-5 所示。S7-200 PLC 通过循环扫描输入端口的状态，执行用户程序，实现控制任务。PLC 采用循环顺序扫描方式工作，CPU 在每个扫描周期的开始扫描输入模块的信号状态，并将其状态送入到输入映像寄存器区域；然后根据用户程序中的程序指令来处理传感器信号，并将处理结果送到输出映像寄存器区域，在每个扫描周期结束时，送入输出模块。

7.1.2 PLC 编程语言

PLC 编程语言有顺序功能图、梯形图、功能块图、指令表和结构文本等 5 种，在 S7-200 中，在设计复杂的开关量控制程序时通常用梯形图（LAD）编程。LAD 程序中输入信号与输出信号之间的逻辑关系一目了然、易于理解，与继电器电路图的表达方式极为相似。

本节介绍"实训装置"自动控制系统编程中常用的编程指令及对应的梯形图，未涉及

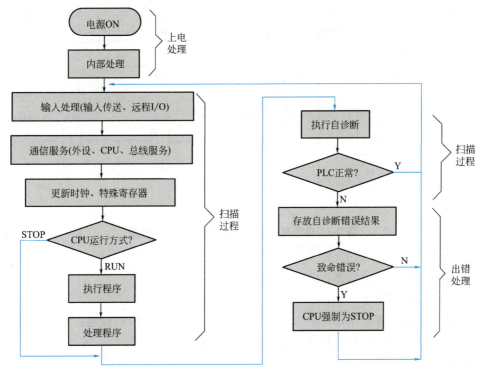

图 7-5　PLC 的工作过程

的编程指令可查询西门子有限公司的《S7-200 中文系统手册》。选手可用编程指令或梯形图进行编程。

1. 继电器控制电路图与 PLC 梯形图

在继电器电路中，继电器是否工作以有无电流流到继电器的线圈进行判断，在梯形图中编程软元件是否工作则看是否有"假想电流"流过，与继电器电路中的电流有类似的功效，"假想电流"规定从梯形图的左母线流向梯形图的右母线。常规控制电路和梯形图的图形符号对照见表 7-2，电气原理图、继电器线路图和梯形图对照如图 7-6 所示。

7.2 继电器控制电路图与PLC梯形图

常规控制电路和梯形图的图形符号对照表　　　　　　　　　表 7-2

	常规电器符号	PLC 梯形图符号
常开接点		
常闭接点		
继电器线圈		

2. 基本逻辑指令

基本逻辑指令是指构成基本逻辑运算功能指令的集合，包括基本位操作指令、逻辑堆

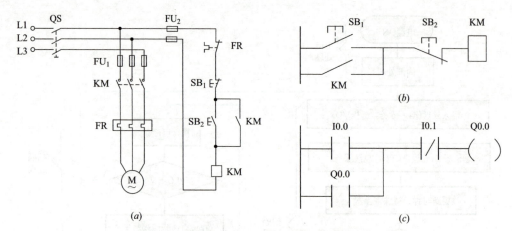

图 7-6　电气原理图、继电器线路图和梯形图

（a）电气原理图；（b）继电器线路图；（c）梯形图

栈指令、定时器指令、计数器指令、比较指令。

（1）基本位逻辑指令

位逻辑指令的运算结果用两个二进制数字 1 和 0 来表示。PLC 规定：常开触点，动作为"1"，不动作为"0"；常闭触点，动作为"0"，不动作为"1"。

位逻辑指令有：

1）LD、LDN 和＝指令

LD（Load）：取指令，常开触点与左母线连接指令。梯形图符号：⊣⊢。

LDN（Load Not）：取反指令，常闭触点与左母线连接指令。梯形图符号：⊣/⊢。

＝（Out）：驱动线圈指令。梯形图符号：⊣（　）。

2）A 和 AN 指令

A（And）：串联指令，也称逻辑"与"，用于常开触点与前面的触点或电路块串联。

AN（And Not）：串联非指令，也称逻辑"与非"，用于常闭触点与前面的触点或电路块串联。

3）O 和 ON 指令

O（Or）：并联指令，也称逻辑"或"，用于常开触点与前面的触点或电路块并联。

ON（Or Not）：并联非指令，也称逻辑"或非"，用于常闭触点与前面的触点或电路块并联。

4）S/R 指令

S（Set）：置位（置 1）指令。当使用 S 置位指令后，驱动线圈接通并自锁保持。

R（Reset）：复位（置 0）指令。当使用 R 置位指令后，使置位的线圈复位。

如图 7-7 所示，I0.0 一旦接通，即使再断开，Q0.0 仍保持接通；I0.1 一旦接通，即使再断开，Q0.0 仍保持断开。

5）立即存取指令（LDI、LDNI、AI、ANI、OI、ONI、＝I、SI、RI）

立即存取指令包括立即触点指令、立即输出指令、立即置位和立即复位指令。

S7-200 可通过立即存取指令加快系统的响应速度，它不受 PLC 循环扫描工作方式的影响，允许对输入/输出点进行直接快速存取。

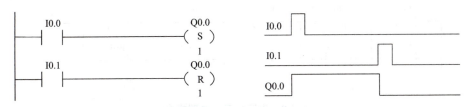

图 7-7　S/R 指令的应用

6）边沿脉冲指令 EU 和 ED

EU（Edge Up）：上升沿脉冲指令。检测信号的上升沿，产生一个扫描周期宽度的脉冲。梯形图符号：⊣P⊢。

ED（Edge Down）：下降沿脉冲指令。检测信号的下降沿，产生一个扫描周期宽度的脉冲。梯形图符号：⊣N⊢。

边沿脉冲指令的用法如图 7-8 所示。当检测到 I0.0 常开触点从断开到闭合时的上升沿（信号从 0 到 1 转换），M0.0 接通 1 个扫描周期，Q0.0 线圈置位；当检测到 I0.1 常开触点从断开到闭合时的下降沿（信号从 1 到 0 转换），M0.1 接通 1 个扫描周期，Q0.0 线圈复位。

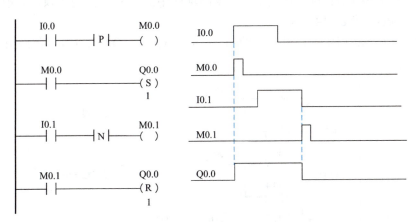

图 7-8　边沿脉冲指令 EU 和 ED

7）取反指令及空操作指令

NOT：取反指令，该指令将左端的逻辑运算结果取反。梯形图为：⊣NOT⊢。

NOP：空操作指令，该指令为空操作，它对用户程序的执行没有影响。其最大的作用是占位，为了以后在这里添加指令，而增加某种功能做准备。这样做可以让修改后原有的所有地址不变，且最后生成的机器代码文件长度也不变。梯形图为：⊣NOP⊢。

（2）逻辑堆栈指令

1）电路块串、并联指令（图 7-9）

ALD（And Load）：电路块串联指令。是将以 LD（或 LDN）起始的电路块与另一以 LD（或 LDN）起始的电路块串联起来。

OLD（Or Load）：电路块并联指令。是将以 LD（或 LDN）起始的电路块与另一以 LD（或 LDN）起始的电路块并联起来。

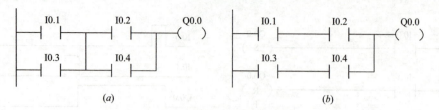

图 7-9　电路块串、并联指令

（*a*）串联；（*b*）并联

2）多路输出指令

LPS（Logic Push）：逻辑入栈指令（分支电路开始指令）。在梯形图的分支结构中，LPS 指令用于生成一条新的母线，其左侧为原来的主逻辑块，右侧为新的从逻辑块，可直接编程。

LRD（Logic Read）：逻辑读栈指令。在梯形图的分支结构中，当新母线左侧为主逻辑块时，LPS 开始右侧的第一个从逻辑块编程，LRD 开始第二个以后的从逻辑块编程。

LPP（Logic Pop）：逻辑出栈指令（分支电路结束指令）。在梯形图的分支结构中，LPP 用于 LPS 产生的新母线右侧的最后一个从逻辑块编程，它在读取完离它最近的 LPS 压入堆栈内容的同时，复位该条新母线。

LDS（Logic Stack）：载入堆栈指令。复制堆栈中的第 n 个值到栈顶，原堆栈各级栈值依次下压一级，而栈底值丢失。

图 7-10 为 LPS、LRD、LPP 指令的例子。其中 Q0.1、Q0.1、Q0.2 都需用到 I0.0 常开触点。

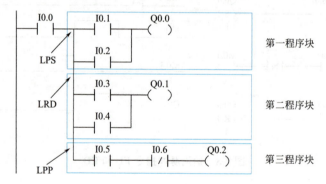

图 7-10　LPS、LRD、LPP 指令

（3）定时器指令

S7-200 定时器有 3 种类型：接通延时定时器 TON、关断延时定时器 TOF 和保持型通电延时定时器 TONR，共计 256 个定时器，其编号为 T0～T255。S7-200 PLC 定时器有三种分辨率：1ms、10ms 和 100ms。定时器的类型见表 7-3。

定时器的类型　　　　　　　　　　　　　　　　　　　　　　　表 7-3

定时器类型	分辨率(ms)	最大定时时间(s)	定时器编号
接通延时定时器 TON 关断延时定时器 TOF	1	32.767	T32,T96
	10	327.67	T33～T36,T97～T100
	100	3276.7	T37～T63,T101～T255

续表

定时器类型	分辨率(ms)	最大定时时间(s)	定时器编号
保持型接通延时定时器 TONR	1	32.767	T0,T64
	10	327.67	T1～T4,T65～T68
	100	3276.7	T5～T31,T69～T95

定时器定时时间的计算为：

$$T = PT \times S \qquad (7\text{-}1)$$

式中 T——定时器的定时时间；

PT——定时设定值，均用 16 位有符号整数来表示，最大计数值为 32767；

S——分辨率，单位为 ms。

1) 接通延时定时器指令 TON

TON：接通延时定时器指令，其梯形图如图 7-11（a）所示。当输入继电器 I0.0 的常开触点闭合，T33 接通延时定时器输入端（IN）接通，T33 开始计时，经过 1s 后，T33 动作，T33 的常开触点闭合，输出继电器 Q0.0 接通。当 I0.0 常开触点复位断开时，T33 复位断开，Q0.0 失电断开。

当 I0.0 触点的接通时间未达到设定值就断开，则 T33 随之复位，Q0.0 无输出。

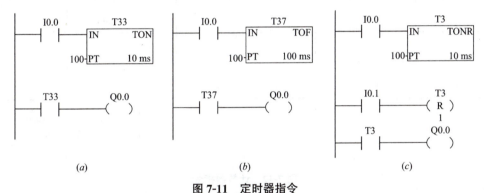

图 7-11   定时器指令
(a) TON；(b) TOF；(c) TONR

2) 关断延时定时器 TOF

TOF：判断延时定时器指令，其梯形图如图 7-11（b）所示。当输入继电器 I0.0 的常开触点闭合，T37 接通立即动作，其常开触点也立即闭合，输出继电器 Q0.0 立即接通。当 I0.0 常开触点断开时，T37 开始计时，经过 10s 后，T37 动作复位，其常开触点复位断开，输出继电器 Q0.0 失电断开。

3) 保持型接通延时定时器 TONR

TONR：保持型接通延时定时器指令，其梯形图如图 7-11（c）所示。定时器当前值保持在掉电前的值，当输入继电器 I0.0 的常开触点闭合，输入端 IN 接通时，当前值从上次的保持值开始继续计时，当计时累计达到设定值 1s 时，T3 的常开触点闭合，输出继电器 Q0.0 接通。此时，即使断开 IN 端的 I0.0 触点也不会使 T3 复位，要使 T3 复位必须使用复位指令 R，图 7-11（c）中接通 I0.1 触点才能达到复位目的。

（4）计数器指令

计数器是对输入端的脉冲进行计数。S7-200 有加计数器、减计数器和加/减计数器 3 种，共有 256 个，计数器号范围为 C0～C255。

1）加计数器指令 CTU

CTU：加计数器指令，其梯形图如 7-12（a）所示。CU 为加计数脉冲的输入端，R 为复位脉冲的输入端，PV 为设定值。

当输入继电器 I0.0 接通，C5 对 I0.0 的输入脉冲计数，达到计数值 3 次后，C5 动作，输出继电器 Q0.0 接通。若复位信号 I0.1 未接通，则 C5 会计数到 32767；若 I0.1 接通，则 C5 被复位，计数停止，当前值被清零，Q0.0 失电断开。

2）减计数器指令 CTD

CTD：减计数器指令，其梯形图如图 7-12（b）所示。CD 为减计数脉冲的输入端，LD 为复位脉冲的输入端，PV 为设定值。

当输入继电器 I0.0 接通，C1 计数器的值即减 1 成为当前值；当计数器当前值减为 0 时，停止计数，且 C1 动作，输出继电器 Q0.0 接通。若复位信号 I0.1 接通，则 C1 被复位，当前值恢复为设定值，Q0.0 失电断开。

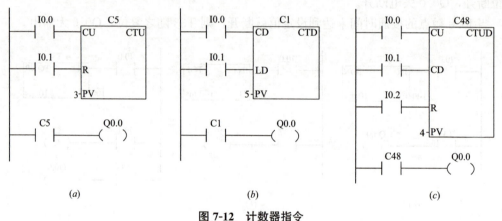

图 7-12　计数器指令

（a）CTU；（b）CTD；（c）CTUD

3）加/减计数器指令 CTUD

CTUD：加/减计数器指令，其梯形图如图 7-12（c）所示。CU 为加计数脉冲的输入端，CD 为减计数脉冲的输入端，R 为复位脉冲的输入端，PV 为设定值。

当输入继电器 I0.0 接通，C48 计数器当前值加 1，当输入继电器 I0.1 接通，C48 计数器当前值减 1，当计数器当前值≥设定值 4 时，C48 动作，输出继电器 Q0.0 接通。若复位信号 I0.2 接通，则 C48 被复位，当前值清零，Q0.0 失电断开。

（5）比较指令

比较指令是将两个操作数按指定的条件作比较，条件成立时，触点就闭合。

比较条件有："＞"大于、"＞="大于或等于、"＜"小于、"＜="小于或等于、"＜＞"不等于、"=="等于；数据类型有："B"（BYTE）字节、"I"（INT）整数、"D"（DINT）双整数、"R"（REAL）实数。

如图 7-13 所示，当 VB0＝VB1 时，Q0.0 接通，否则失电断开；当 VB2＞VB3 时，Q0.1 接通，否则失电断开。

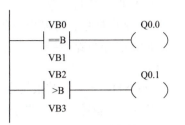

图 7-13　比较指令

3. 功能指令

（1）运算指令

1）四则运算指令

四则运算指令包括加法指令（ADD）、减法指令（SUB）、乘法指令（MUL）和除法指令（DIV），是将两个输入端（IN1、IN2）指定的数据进行四则运算，其结果送到输出端（OUT）指定的存储单元。操作数的数据类型为整数（I）、双整数（DI）、实数（R）。

2）递增和递减指令

递增指令（INC）是把输入端的数据加 1，并把结果存放到输出端指定的存储单元。递减指令（DEC）是把输入端的数据减 1，并把结果存放到输出端指定的存储单元。操作数的数据类型为字节（B）、字（W）和双字（DW）。

3）数学函数指令

数学函数指令包括平方根指令（SQRT）、正弦指令（SIN）、余弦指令（COS）、正切指令（TAN）、自然对数指令（LN）、指数指令（EXP）。输入和输出的操作数均为实数，其影响的特殊寄存器位包括 SM1.0（零）、SM1.1（溢出和非法值）和 SM1.2（负）。

4）逻辑运算指令

逻辑运算指令是指对逻辑数（无符号数）进行逻辑与（AND）、逻辑或（OR）、逻辑异或（XOR）和逻辑非（INV）操作，数据类型为字节（B）、字（W）和双字（DW）。

（2）数据处理指令

1）数据传送指令和数据块传送指令

数据传送指令（MOV）是把输入端（IN）指定的数据传送到输出端（OUT），传送过程中数据的值保持不变。操作数的数据类型为字节（B）、字（W）和双字（DW）。

数据块传送指令（BLKMOV）是把从输入端（IN）的指定地址的 N 个连续字节（B）、字（W）和双字（DW）的内容传送到从输出端（OUT）指定的 N 个连接节、字和双字的存储单元中。传送过程中各存储单元的内容不变。

2）移位指令

移位指令分为左移位指令（SHL）、右移位指令（SHR）、循环左移位指令（ROL）、循环右移位指令（ROR）。数据类型为字节（B）、字（W）和双字（DW）。

（3）转换指令

转换指令是对操作数的类型进行转换，并输出到指定的目标地址中。包括数据类型转换指令、编码和译码指令及字符串转换指令。

PLC 经常处理的数据类型有字节型数据、整数、双整数、实数和 BCD 码等 5 种，根据这几种数据类型，数据类型转换指令共有：字节与整数转换（BTI、IBT），整数与双整数转换（ITD、DTI），双整数与实数转换（ROUND、TRUNG、DTR），整数与 BCD 码转换（IBCD、BCDI）。

（4）程序控制指令

1）结束指令、暂停指令和看门狗指令

END：条件结束指令。执行条件成立（左侧逻辑值为1）时结束主程序，返回主程序起点。

MEND：无条件结束指令。结束主程序，返回主程序起点。指令不含操作数。

STOP：暂停指令。当条件符合时，立即终止程序执行，CPU 工作方式由 RUN 切换到 STOP 方式。

WDR：看门狗指令。避免程序出现死循环的情况，专门监视扫描周期的警戒时钟。S7-200 中，看门狗定时器设定值为 300ms。当使能输入有效时，WDR 将看门狗定时器复位，增加一次允许的扫描时间。

结束指令、暂停指令和看门狗指令运用的例子如图 7-14 所示。网络 1 当检测到 I/O 错误，SM5.0＝1，强制将 PLC 工作方式转换到 STOP；网络 2 当 M5.6＝1 时，执行看门狗命令，增加一次扫描时间，继续执行立即写指令；网络 3 有条件结束主程序。

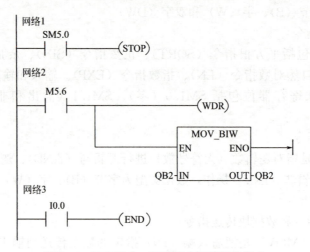

图 7-14 结束指令、暂停指令和看门狗指令

2）跳转指令

跳转指令由跳转指令（JMP）与标号指令（LBL）组成，二者必须配合使用，当 JMP 指令的执行条件成立时，使程序的执行跳转到指定的标号 n。操作数 n：0～255。

3）循环指令

循环指令由循环开始指令（FOR）和循环结束指令（NEXT）组成。FOR 和 NEXT 之间的程序段为循环体，每执行一次循环体，当前计数值加 1，并且将结果同终值对比，如果大于终值，则终止循环。

4）子程序指令

S7-200 具有简单、方便、灵活的子程序调用功能。

子程序调用指令（CALL）是将正在执行的程序转移编号为 n 的子程序。程序编译时会自动在子程序最后无条件返回指令 RET，当用户需要有条件返回时，可使用有条件返回指令 RET。

（5）特殊指令

1）时钟指令

读实时时钟指令（TODR）是从实时时钟读取当前日期和时间，装入以起始地址为 T 的 8 字节缓冲区。

写实时时钟指令（TODW）是将当前时间和日期并把起始地址为 T 的 8 字节缓冲区装入时钟。

时间缓冲器（T）的格式见表 7-4。

时间缓冲器（T）的格式　　　　　　　　　　　　　　　　表 7-4

字节	T	T+1	T+2	T+3	T+4	T+5	T+6	T+7
含义	年	月	日	时	分	秒	0	星期
范围	00～99	01～12	01～31	00～23	00～59	00～59	0	01～07

注：星期中，01～07 分别表示星期日、星期一……星期六。

2）中断指令

中断连接指令（ATCH）是将一个中断事件和一个中断程序联系起来，并允许这个中断产生。

中断分离指令（DTCH）是将一个中断事件和所有程序的联系全部切断，该中断被禁止。

任务 7.2　STEP 7-Micro/WIN 编程

S7-200 编程系统包括一台 S7-200 PLC、一个编程软件和一个连接电缆组成，如图 7-15 所示。STEP 7-Micro/WIN 是西门子公司专门为 S7 系列 PLC 设计开发的编程软件，它基于 Windows 操作系统，为用户开发、编辑、调试和监控自己的应用程序提供了良好的编程环境。"实训装置"使用的版本是 STEP 7-Micro/WIN V4 SP3，支持中文界面。

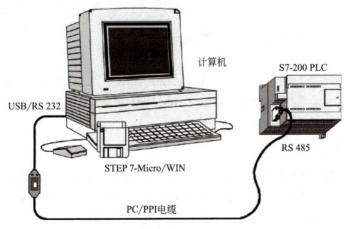

图 7-15　S7-200 PLC 编程系统

7. 2. 1　STEP 7-Micro/WIN 安装及环境设置

1. STEP 7-Micro/WIN 软件安装

（1）硬件要求

安装 STEP 7-Micro/WIN V4 SP3 的最低硬件要求：能运行 Windows 2000 或 Windows XP 的 PG（编程器）或 PC（个人计算机）；CPU 主频至少为 600MHz；内存至少为 256MB；硬盘剩余空间在 600MB 以上；具备 CD-ROM 驱动器和软盘驱动器；显示器支持 32 位、1024×768 分辨率；具有 PC 适配器、CP5611 或 MPI 接口卡。

（2）安装方法

7. 3
STEP 7
安装步骤

STEP 7-Micro/WIN 的安装首先要准备好安装的上位机，PPI-USB 通信电缆以及安装所需的光盘或者实现下载好的软件包，然后按以下步骤安装。

第一步：解压 STEP 7-Micro/WIN V4 SP3 安装压缩包。

第二步：点击"Setup. exe"安装软件。

第三步：根据安装提示选择安装类型（典型、完整、自定义）、语言点击下一步。如图 7-16 所示。当弹出"通信功能的选择"对话框时，要使用 PLC 通信功能，一般选取"PC/PPI cable（PPI）"。继续安装，直到安装结束。

第四步：根据提示进行计算机重启，完成软件安装。

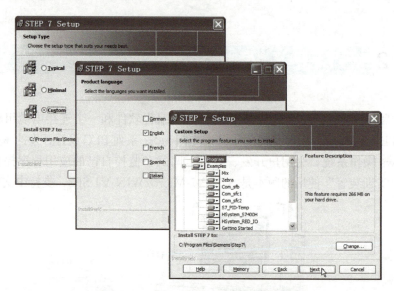

图 7-16　STEP 7-Micro/WIN 安装示意

2. 环境设置

（1）中文界面设置

首次启动 STEP 7-Micro/WIN 时为英文界面，可点"Tools"下拉菜单中点选最下面的"Options…"，在打开的窗口中先点选"General"，选择"Chinese"，点"OK"之后出现的窗口"确定"，再出现的窗口点"是"，软件重启后就是中文界面。

STEP 7-Micro/WIN 中文界面如图 7-17 所示。界面包括以下组件：菜单条、工具条、浏览条、输出窗口、状态栏、编辑窗口、局部变量表和指令树等。

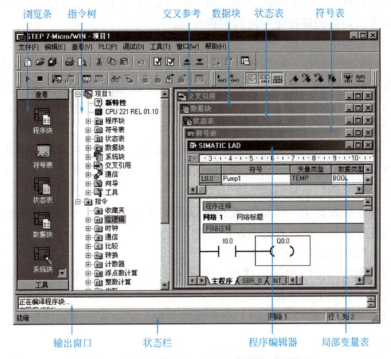

图 7-17　STEP 7-Micro/WIN 软件运行界面

1）菜单条

文件（File）：如新建、打开、关闭、保存文件，上传或下载用户程序，打印预览，页面设置等操作。

编辑（Edit）：程序编辑工具。可进行复制、剪切、粘贴程序块和数据块以及查找、替换、插入、删除和快速光标定位等操作。

查看（View）：可以设置开发环境，执行引导窗口区的选择项，选择编程语言（LAD、STL 或 FBD），设置 3 种程序编程器的风格，如字体的大小等。

PLC：用于选择 PLC 的类型，改变 PLC 的工作方式，查看 PLC 的信息，进行 PLC 通信设置等功能。

调试（Debug）：用于联机调试。

工具（Tools）：可以调用复杂指令向导（包括 PID 指令、网络读写指令和高速计数器指令），安装文本显示器 TD200 等功能。

窗口（Windows）：可以打开一个或多个窗口，并进行窗口之间的切换，设置窗口的排放形式等。

帮助（Help）：可以检索各种相关的帮助信息。在软件操作过程中，可随时按键，显示在线帮助。

2）工具条

工具条的功能是提供简单的鼠标操作，将最常用的操作以按钮形式安放在工具条中。

3）浏览条

通过选择"查看"/"浏览条"命令打开浏览条。浏览条的功能是在编程过程中进行编程窗口的快速切换。各种窗口的快速切换是由浏览条中的按钮控制的，单击任何一个按钮，即可将主窗口切换到该按钮对应的编程窗口。

程序块：单击程序块图标，可立即切换到梯形图编程窗口。

符号表：为了增加程序的可读性，在编程时经常使用具有实际意义的符号名称替代编程元件的实际地址，例如，系统启动按钮的输入地址是 I0.0，如果在符号表中，将 I0.0 的地址定义为 start，这样在梯形图中，所有用地址 I0.0 的编程元件都由 start 代替，增强了程序的可读性。

状态表：状态表用于联机调试时监视所选择变量的，状态及当前值。只需在地址栏中写入想要监视的变量地址，在数据栏中注明所选择变量的数据类型就可以在运行时监视这些变量的状态及当前值。

数据块：在数据窗口中，可以设置和修改变量寄存器（V）中的一个或多个变量值，要注意变量地址和变量类型及数据方位的匹配。

系统块：系统块主要用于系统组态。

交叉引用：当用户程序编译完成后，交叉索引窗口提供的索引信息有：交叉索引信息、字节使用情况和位使用情况。

通信与设置 PG/PC 接口：当 PLC 与外部器件通信时，需进行通信设置。

4）输出窗口

输出窗口用来显示程序编译的结果信息，如各程序块（主程序、中断程序或子程序）的大小、编译结果有无错误、错误编码和位置等。

5）状态栏

状态栏也称为任务栏，与一般任务栏功能相同。

6）编辑窗口

编辑窗口分为 3 部分：编辑器、网络注释和程序注释。编辑器主要用于梯形图、语句表或功能图编写用户程序，或在联机状态下从 PLC 下载用户程序进行读程序或修改程序；网络注释是指对本网络的用户程序进行说明；程序注释用于对整个程序说明解释，多用于说明程序的控制要求。

7）局部变量表

可以在局部变量表中为临时的局部变量定义符号名，也可以为子程序和中断服务程序分别指定变量，用于为子程序传递参数。

8）指令树

可通过选择"查看"/"指令树"命令打开，用于提示编程时所用到的全部 PLC 指令和快捷操作命令。

（2）通信和接口设置

"实训装置"中 PLC 与 PC 端通过 PPI-USB 连接线进行数据连接、程序下载/上传等通信，如图 7-13 所示。PPI 协议是专门为 S7-200 PLC 开发的通信协议。S7-200 PLC CPU 的通信口支持 PPI 通信协议，PPI 网络通信是建立在 RS485 通信网络的硬件基础上。

PPI 协议的主要特点是：主从协议，网络中至少有一个主站；令牌环网，令牌在 PPI 主站之间传递；S7-200 PLC 既可以做主站也可以做从站；通信速率可以设置 9.6 K bps、

$19.2K\,\text{bps}$ 和 $187.5K\,\text{bps}$，"实训装置"中一般设置为 $9.6K\,\text{bps}$。

PPI 网络的应用主要有：Micro/WIN 软件对 CPU 的编程监控；S7-200 PLC 之间的数据交换；S7-200 PLC 与人机界面（HMI）的通信；S7-200 PLC 与上位机（PC）的 OPC 通信四种。

7.2.2 STEP 7-Micro/Win 编程方法

1. 梯形图的编程规则

S7-200 PLC 编程方法可以采用 STL 语句表、LAD 梯形图以及 FBD 功能块三种方法，本节介绍在 STEP 7-Micro/WIN 上用梯形图法编程，如图 7-18 所示。

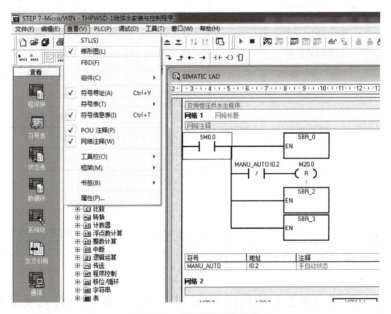

图 7-18 梯形图法编程图

梯形图的编程规则如下：

① 梯形图编程遵循从上到下、从左到右、左重右轻、上重下轻的规则。每个逻辑行起于左逻辑母线，止于线圈或一个特殊功能指令（有的 PLC 止于右逻辑母线）。一般来说，并联支路应靠近左逻辑母线；在并联支路中，串联触点多的支路应安排在上边。

② 梯形图中的触点一般应画在水平支路上，不含触点的支路放在垂直方向。这样可使逻辑关系清晰，便于阅读检查和输入程序，避免出现无法编程的梯形图，如桥式电路。

③ 线圈不能直接与左逻辑母线相连。如果需要（即无条件）可以借助于一个在程序中未用到的内部辅助继电器的常开触点。

④ 线圈的右边不能再接任何触点，这是与继电器控制线路的不同之处。但对每条支路可串联的触点数并未限制，且同一触点可以使用无限多次。

2. S7-200 PLC 程序编辑

梯形图程序通常运用工具条上的"公用"和"指令"栏命令按钮进行程序的输入，如

图 7-19 所示，图中各序号对应的命令功能见表 7-5。程序的编辑运用工具条上的"标准"栏命令按钮包括程序的剪切、拷贝、粘贴、插入和删除，字符串替换、查找等。

1 2 3 4 5 6 7 8 9 10 11 12 13 14 15 16 17 18

图 7-19　梯形图程序的输入

"公用"和"指令"栏命令按钮功能　　　　　　　　　　　　　表 7-5

序号	命令功能	序号	命令功能
1	插入程序段或其他对象	10	应用项目中的所带符号
2	删除程序段或其他对象	11	建立未定义符号表
3	切换 POU 注释	12	向下连线
4	切换网络注释	13	向上连线
5	切换符号信息表	14	向左连线
6	切换书签	15	向右连线
7	下一个书签	16	插入触点
8	上一个书签	17	插入线圈
9	清除全部书签	18	插入指令框

任务 7.3　建筑给水排水系统 PLC 控制程序设计与调试

7.4
THPWSD-1A
型建筑
给水排水PLC
梯形图程序

【工作任务】使用西门子 STEP 7-Micro/WIN 软件完成水表自动抄表、自动喷淋灭火、生活泵变频控制、PLC 时钟显示设定和热水锅炉定时启停等系统的程序设计，并能实现自动抄表系统控制、自动喷淋灭火系统控制、变频恒压供水控系统控制、时钟显示及设定控制、锅炉定时启停控制等要求。

7.3.1　STEP 7-Micro/WIN 编程

启动 STEP 7-Micro/WIN 软件即打开一个新项目，单击"文件"→"保存"或"另存为"，将新项目命名为"THPWSD-1A 型给水排水安装与控制程序.mwp"保存于指定的路径。

在"指令树"栏里将光标移到 CPU 类型图标上（图中为"CPU 221"），单击鼠标右键或双击鼠标左键，打开"PLC 类型"对话框，将 PLC 类型设置为"实训装置"对应的CPU 类型，即：CPU 224XP CN，版本为 02.01。如图 7-20 所示。

接下来就可在"程序编辑器"区域开始编程。

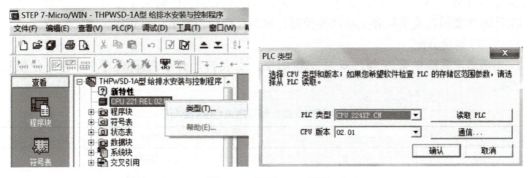

图 7-20　设置 CPU 类型

7.3.2　生活给水系统自动控制实训

1. 生活给水变频控制要求及程序设计

（1）生活给水变频控制系统要求

参赛选手根据控制流程要求，编写变频控制程序，设置变频器参数，在自动状态下，实现两台生活给水泵的变频切换控制。控制流程要求：

自动运行系统启动后，生活泵 2 变频运行，当变频器运行到接近工频 50 Hz 时，如果当前管网压力仍达不到系统设定压力，系统经过一段时间（8s）判断后，将生活泵 2 投入工频运行，然后生活泵 1 变频启动运行（从低频率向上调整）直到满足设定压力；在当前状态下，如果当前管网压力大于系统设定压力值，生活泵 1 运行频率下降，当变频器运行频率接近 0 Hz，如果当前管网压力仍大于系统设定压力时，系统经过一段时间（8s）判断后，将生活泵 1 停止，生活泵 2 投入变频运行（从高频率向下调整）直到满足设定压力。两台生活泵的工作状态如下：

① 生活泵 1 停止，生活泵 2 变频运行；

② 生活泵 1 变频运行，生活泵 2 工频运行；

③ 生活泵 1 停止，生活泵 2 变频运行。

从①到②为上切，从②到③为下切，完成单次上切、下切任务即可。

规定实验台上靠近台子边沿的磁力泵为生活泵 1，台子中间的磁力泵为生活泵 2。

（2）生活给水变频控制程序设计

1）设计思路

两台生活水泵的手/自动切换和手动启停控制通过面板上的旋钮开关实现。

每台水泵都要有变频和工频两种工作状态，变频和工频之间要有电气互锁，变频器能通过切换电路实现两台水泵的变频切换控制，两台水泵的变频工作状态之间也要求有电气互锁。

通过 PLC 的 I0.2、I0.5、I0.4、I0.6 和 I0.7 输入端分别检测手/自动的状态、生活泵 1 变频、生活泵 1 工频、生活泵 2 变频和生活泵 2 工频的工作状态。

使用 PLC 的模拟量输入端通过压力变送器检测总管的工作压力。

自动状态下使用 PLC 的 Q0.1、Q0.3、Q0.2 和 Q0.4 四路输出端口分别间接控制交流接触器 KM2、KM3、KM5 和 KM4 实现生活泵 1 工频、生活泵 1 变频、生活泵 2 工频和生活泵 2 变频以及变频和工频切换控制，水泵在变频控制下也是正转。

2）IO 地址分配

生活给水系统单泵变频、双泵变频切换、水表自动计费控制程序 IO 地址分配见表 7-6。

生活给水系统变频控制程序 IO 地址分配表   表 7-6

符号	地址	注释
—	M20.0	总启停控制位
—	M21.1	OP 超出上限标志
—	M21.7	增加水泵标志
—	M22.1	OP 超出下限标志
—	M22.7	减少水泵标志
—	M30.0	PID 控制位
en	M0.0	水表矫正始能位
sb_p	I0.0	水表脉冲
XHDF	I0.1	信号蝶阀状态
MANU_AUTO	I0.2	手自动状态
KM1	I0.3	喷淋泵运行状态
KM2	I0.4	生活泵 1 工频运行状态
KM3	I0.5	生活泵 1 变频运行状态
KM4	I0.6	生活泵 2 变频运行状态
KM5	I0.7	生活泵 2 工频运行状态
pump2_g	Q0.2	常规泵 2 工频控制(生活泵 2,避免重名,下同)
pump2_b	Q0.4	常规泵 2 变频控制(生活泵 2)
pump1_g	Q0.1	常规泵 1 工频控制(生活泵 1)
pump1_b	Q0.3	常规泵 1 变频控制(生活泵 1)

3）程序设计（生活系统单泵变频、双泵变频切换）

以下用 STL 语句表给出生活给水变频控制主程序，为便于阅读理解，程序给出了详细注释。读者也可将该程序输入到 STEP 7 编程软件中，转换成为 LAD 梯形图来阅读。

生活系统单泵变频、双泵变频切换程序：

```
TITLE＝生活给水变频控制主程序
Network 1
// 调用子程序
LD      SM0.0
CALL    SBR0
CALL    SBR2
```

```
CALL        SBR3
CALL        SBR4
AN          I0. 2
R           M20. 0，1
```

Network 2

// 自动运行系统启动后，压力变送器初始化

```
LD          M20. 0
AN          Q0. 0
MOVW        VW0，AQW0
```

Network 3

// 自动运行系统启动后，复位上切下切标志位

```
LD          M20. 0
A           Q0. 0
ON          M20. 0
MOVR        0. 0，VD208
MOVW        0，AQW0
R           M21. 1，30
```

Network 4

// 自动运行系统启动后，生活泵 2 变频运行

```
LD          M20. 0
AN          Q0. 0
AN          M21. 7
＝           Q0. 4
```

Network 5

// 自动运行时，启动 PID 算法：判断压力值与设定值是否相符

```
LD          SM0. 0
MOVW        AIW0，AC0
-I          ＋3200，AC0
ITD         AC0，AC0
DTR         AC0，AC0
/R          9600. 0，AC0
MOVR        0. 1，VD300
＊R          AC0，VD300
＊R          0. 9，VD200
＋R          VD300，VD200
```

Network 6

// 自动运行时，启动 PID 算法：判断压力值与设定值是否相符

```
LD          M30. 0
```

```
PID         VB200，0
```

Network 7

// 自动运行时，启动 PID 算法：判断压力值与设定值是否相符

```
LD          SM0.0
MOVR        VD208，AC0
* R         32000.0，AC0
ROUND       AC0，AC0
DTI         AC0，AC0
MOVW        AC0，VW0
```

Network 8

// 生活泵上下切互锁程序：单泵只能在工频或变频状态下运行

```
LDN         T52
O           T53
LDN         M22.7
O           T55
ALD
AN          Q0.0
A           M20.0
=           M30.0
```

Network 9

// 上切延时下切延时：判断时间是否符合设定值（8秒）

```
LD          M30.0
LPS
AR>=        VD208，0.99
TON         T50，80
LRD
AR<=        VD208，0.2
TON         T51，80
LPP
CALL        SBR1
```

Network 10

// 上切泵状态延时：泵2工变频切换延时0.5秒，泵1变频启动延时2.5秒

```
LDN         M23.1
A           M21.7
TON         T52，5
TON         T53，25
```

Network 11

// 下切泵状态延时：泵1工变频切换延时3.5秒，泵2变频启动延时4.0秒

```
LD        M22.7
TON       T54，35
TON       T55，40
Network 12
// 上切标志位复位
LD        T55
EU
R         M22.7，1
Network 13
// M23.1 置位
LD        M22.7
S         M23.1，1
Network 14
// 管网压力小于系统设定压力值时，上切切换生活泵 2 工频
LD        T52
O         Q0.1
AN        T54
AN        Q0.0
A         M20.0
=         Q0.2
Network 15
// 管网压力小于系统设定压力值时，上切切换生活泵 1 变频
LD        T53
O         Q0.4
O         T55
AN        M22.7
AN        Q0.0
A         M20.0
=         Q0.3
Network 16
// 为了防止过调上切给一个较小的值
LD        T52
AN        T53
MOVR      0.3，VD208
Network 17
// 为了防止过调上切给一个较大的值
LD        M22.7
AN        T55
MOVR      0.98，VD208
```

2. 自动抄表系统控制要求及程序设计

（1）自动抄表系统控制要求

使用 PLC 的 I0.0 输入端通过脉冲式水表计量生活给水冷水管道的用水量，并计算用水费用。设计自动抄表程序，实现对水表脉冲的读取和累计，并实现用水量的计算，设定水表的初始值为 $1.0m^3$，水费费率为 3.2 元$/m^3$，实现水费的计算，将水费计算值存在 VD30 单元。

（2）自动抄表系统控制程序设计

自动抄表系统控制程序 IO 地址分配见表 7-7。

自动抄表系统控制程序 IO 地址分配表　　　　　表 7-7

符号	地址	注释
sb_p	I0.0	水表脉冲

自动抄表系统控制程序：

```
TITLE=子程序 3
Network 1
// 上电初始化：设定水表的初始值
LD        SM0.1
MOVR    1.0，VD4
Network 2
// 水表校表和水费计费子程序
LD        SM0.0
LPS
A        I0.0
EU
＋R        0.01，VD4
LPP
MOVR    VD4，VD30
＋R        3.2，VD30
```

7.3.3　消防系统自动控制实训

1. 自动喷淋灭火系统控制要求

设计自动喷淋灭火控制程序，实现对喷淋灭火系统中水流指示器、压力开关和信号蝶阀的状态监测。在自动状态下，当压力开关和水流指示器同时动作时能启动喷淋泵，并停掉生活给水泵，喷淋泵启动后要能够通过程序中的总启停位或信号蝶阀进行停止，不能通过压力开关信号控制停止。

2. 自动喷淋灭火控制程序设计

（1）设计思路

通过面板上的旋钮开关实现喷淋泵的手/自动切换和手动启停控制，且水泵正转。

通过 PLC 的 I0.3 输入端检测喷淋泵的运行状态。

通过 PLC 的 I0.1、I1.5 和 I1.4 输入端分别检测信号蝶阀、水流指示器和压力开关的工作状态。

自动状态下能通过 PLC 的 Q0.0 输出端间接控制交流接触器 KM1 实现喷淋泵的启停控制。

（2）IO 地址分配

自动喷淋灭火控制程序 IO 地址分配见表 7-8。

自动喷淋灭火控制程序 IO 地址分配表　　　　表 7-8

符号	地址	注释
YLKG	I1.4	压力开关
SLZS	I1.5	水流指示器
pumpf	Q0.0	喷淋泵控制

（3）程序设计

自动喷淋灭火控制程序：

```
Network 18
// 自动喷淋灭火系统控制：压力开关和水流指示器同时动作时能启动喷淋泵
LD      I1.4
O       I1.5
O       Q0.0
A       M20.0
=       Q0.0
```

7.3.4　生活热水系统控制实训

1. PLC 时钟显示及设定要求及程序设计

（1）PLC 时钟显示及设定要求

设计时钟显示和设定程序，实现对 PLC 系统时钟的读取以及对 PLC 系统时钟写入，用于调整 PLC 的系统时间。

（2）PLC 时钟显示及设定程序设计

时钟显示及设定程序：

```
TITLE＝子程序 4
Network 1
// 读取系统时钟
LD      SM0.0
LPS
```

```
TODR        VB10
BTI         VB10，VW600
BTI         VB11，VW602
BTI         VB12，VW604
BTI         VB13，VW606
AENO
MOVW        VW606，VW710
BCDI        VW710
LRD
BTI         VB14，VW608
AENO
MOVW        VW608，VW720
BCDI        VW720
LPP
BTI         VB15，VW610
AENO
MOVW        VW610，VW730
BCDI        VW730
Network 2
// 编写时钟程序：年月日
LD          SM0.1
ITB         16#16，VB520
ITB         16#12，VB521
ITB         16#03，VB522
Network 3
// 编写时钟程序：时分秒
LD          SM0.0
ITB         VW816，VB523
ITB         VW818，VB524
ITB         VW820，VB525
A           M0.1
EU
TODW        VB520
Network 4
// 编写时钟程序：时分秒转换
LD          SM0.0
LPS
MOVW        VW710，AC0
```

```
AENO
MUL         3600，AC0
AENO
MOVW        VW720，AC1
MUL         60，AC1
LRD
ITD         VW730，AC3
LPP
MOVD        AC0，AC2
AENO
+D          AC1，AC2
AENO
MOVD        AC2，VD900
+D          AC3，VD900
```

2. 锅炉定时启停控制要求及程序设计

（1）锅炉定时启停控制要求

设计锅炉定时启停程序，实现热水锅炉在每天 5:30～14:20 和 16:40～23:10 两个时间段内启动运行，其他时间停止。

（2）锅炉定时启停控制程序设计

1）设计思路

通过面板上的旋钮开关实现锅炉的手/自动切换和手动启停控制。

通过 PLC 的 I1.0 输入端检测锅炉的工作状态。

自动状态下能使用 PLC 的 Q0.5 输出端间接控制交流接触器 KM6 实现锅炉的启停控制。

2）IO 地址分配

锅炉定时启停控制程序 IO 地址分配见表 7-9。

锅炉定时启停控制程序 IO 地址分配表		表 7-9
符号	**地址**	**注释**
guolu	Q0.5	锅炉控制

（3）程序设计

锅炉定时启停控制程序：

```
Network 5
// 锅炉定时启停子程序
LD          SM0.0
LDD>=       VD900，19800
AD<=        VD900，51600
```

```
LDD>=        VD900，60000
AD<=         VD900，83400
OLD
ALD
=            Q0.5
```

7.3.5　生活排水系统控制实训

1. 生活排水系统控制要求

在自动状态下，当水位达到高位时，启动排水泵排水，当水位降到水位低位时，停止排水泵排水。

2. 生活排水系统控制程序设计

（1）设计思路

通过面板上的旋钮开关实现排水泵的手/自动切换和手动启停控制。

在自动状态下，排水控制程序实现以下功能：

① 可以设置 1 组时间定时启动排水泵，默认定时时间为 10：00～10：10。

② 定时时间内，如浮球液位计检测水位不在低位，则启动排水泵排水。

③ 定时时间外，如浮球液位计检测水位高位报警，则排水泵启动；如浮球液位计检测水位为低位，则停止排水泵排水。

（2）IO 地址分配

生活排水系统自动控制程序 IO 地址分配见表 7-10。

生活排水系统自动控制程序 IO 地址分配表　　　　表 7-10

符号	地址	注释
YWKA_H	I1.2	液位_高
YWKA_L	I1.3	液位_低
pump_p	Q0.6	排水泵控制

（3）程序设计

生活排水系统自动控制程序：

```
TITLE＝子程序 2
Network 1
// 自动排水子程序
LDD>=        VD900，36000
OD<          =VD900，36600
A            YWKA _ H
LDD>=        VD900，36000
AD<=         VD900，36600
```

O	pump＿p
OLD	
AN	YWKA＿L
＝	pump＿p

7.3.6　PLC 控制电路图绘制与程序调试

1. PLC 控制电路图绘制

绘制 PLC 控制电路图，首先要了解输入输出信号的性质和相关要求，其次再根据所选用的 PLC 来合理地安排输入输出地址，最后才能完成控制电路图的设计。

（1）输入/输出点数

根据要实现的具体工作过程和控制要求厘清有哪些输入量，需要控制哪些对象，输入量的个数即所需要的输入点数，需要控制的对象所需要的信号数即所需要的输出点数。

（2）PLC 的输入输出地址分配表

输入输出地址分配表是根据控制要求中需要的输入信号和所要控制的设备来确定 PLC 的各输入输出端子分别对应哪些输入输出信号或设备所列出的表。见表 7-6～表 7-10。

（3）绘制 PLC 控制电路图的要求

在绘制 PLC 控制电路图时，首先要求整体布局合理，一般是左边为输入回路，右边为输出回路，或者下边为输入回路，上边为输出回路，主要控制元件位于中间位置。如图 7-21 所示。

2. PLC 程序调试

（1）程序编译

点击 STEP 7-Micro/WIN 软件工具条中的全部编译按钮，如图 7-22 所示，查看输出窗口的状态，当显示"0"个错误时，代表程序无错误，如出现错误，可通过输出窗口的显示信息进行相应错误程序的查找，直至错误数为"0"，方可进行下一步下载。

（2）编程电缆连接及通信设置

1）编程电缆连接

将 PLC 与 PC 机用 PC RS232/PPI RS485 编程电缆连接，如图 7-23 所示。S7-200 CPU 使用的是 RS485 接口，而 PC 机 COM 口使用的是 RS232，两者的电气规范并不相容，需要用中间电路进行匹配，PC/PPI 其实就是一根 RS232/RS485 的匹配电缆。

PC/PPI 编程电缆的适配器有 6 个 DIP 拨码开关，前三位对应通信传输率（波特率），第 4 位为 PPI Master/Freeport，第 5 位为远程/本地位，第 6 位为 10Bit/11Bit。DIP 拨码开关向下为"0"，向上为"1"，S7-200 CPU 通信口传输率为 9.6kBaud，第 4 位必须设为 PPI Master，第 5 位为远程控制，第 6 位为 11Bit，DIP 拨码开关应设置为"010010"，如图 7-23 所示。拨码开关右侧为数据收发指示灯：Tx 为绿色表示 RS232 发送，Rx 为绿色表示 RS232 接收，PPI 为绿色表示 RS485 发送。

2）通信设置

点击 STEP 7 浏览条中的"设置 PG/PC 接口"，选择"PC/PPI cable PPI. 1"，在弹出

7.5
PLC通信
设置

对话框中选择"PPI"选项卡，其中的"地址"栏选择"0"，"传输率"栏选择"9.6kbps"；然后在"本地连接"选项卡选择连接线插入的电脑 COM 口，如插入的是 COM1 口则选择 COM1。如图 7-24 所示。

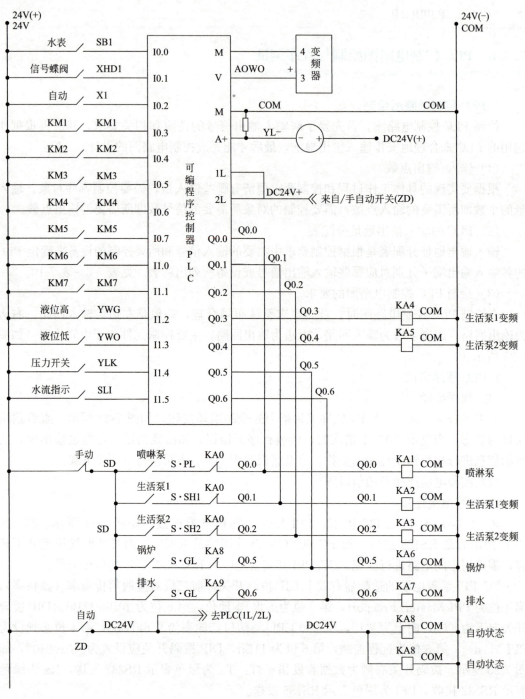

图 7-21 PLC 控制电路图

160

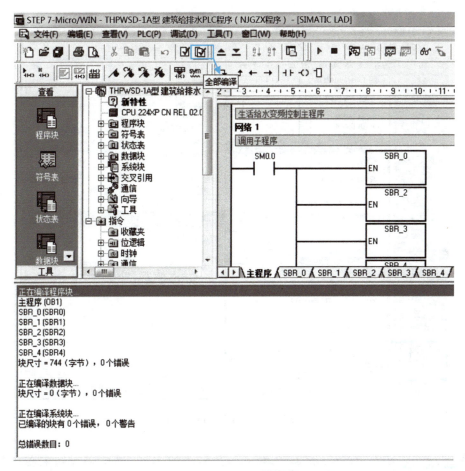

图 7-22　PLC 程序编译

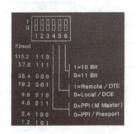

图 7-23　PC/PPI 适配器 DIP 拨码开关设置

点击 STEP 7 浏览条中的"通信",在弹出对话框中检测本地和远程地址(本地为"0",远程为"2"),点击"双击刷新",当出现 CPU 型号时,选择对应的 CPU,通信设置完成,如图 7-25 所示。

(3)下载程序

S7-200 通过 PC/PPI 编程电缆与 STEP 7-Micro/WIN 建立通信连接,并设置好通信参数后,点击 STEP 7 工具条中"下载"图标或在菜单条选择"下载"命令,则弹出"下载"对话框,如图 7-26(a)所示。如果 PLC 处于运行状态,STEP 7 会弹出提示对话框,

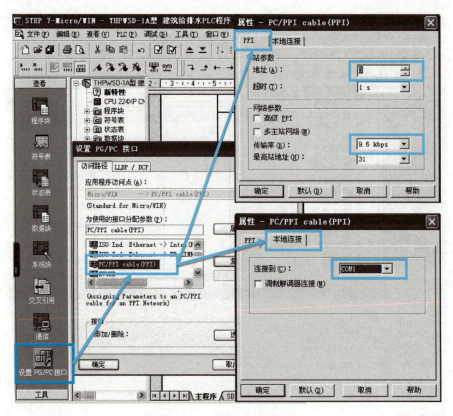

图 7-24　设置 PG/PC 接口

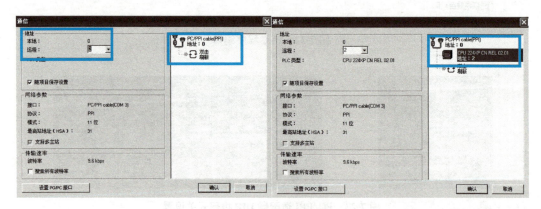

图 7-25　PLC 通信设置

提示将 PLC 设置为 STOP 模式，如图 7-26（b）所示。点击"确定"，此时 STOP 灯亮起，如图 7-24（c）所示。在"下载"对话框的选项设置中，将"程序块""数据块""系统块"三项打钩，再点击"下载"按钮开始下载。

　　程序下载完成，如图 7-27（a）所示。将 PLC 运行方式改为 RUN 模式，如图 7-27（b）所示。点击"确定"后 S7-200 面板 RUN 绿灯亮起，表明程序下载完成，可以进行运行，如图 7-27（c）所示。

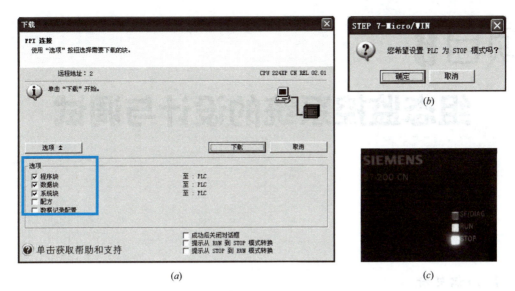

图 7-26 下载对话模式及 STOP 模式设置

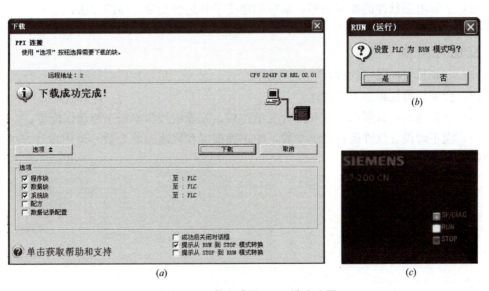

图 7-27 下载完成及 RUN 模式设置

项目8

Chapter 08

组态监控系统的设计与调试

 教学目标

1. 知识目标

（1）了解力控组态软件的工作机理，熟悉力控组态软件界面；

（2）了解组态软件的变量类型，掌握创建变量和进行变量连接的方法；

（3）掌握在线调试的方法。

2. 能力目标

（1）会安装力控组态软件；

（2）会进行监控组态界面设计；

（3）会创建力控数据库变量和进行变量连接，完成组件脚本程序和动作配置；

（4）能正确设置软件运行系统参数，能正确配置和修改通信参数，运用设计好的组态监控软件进行在线调试。

思维导图

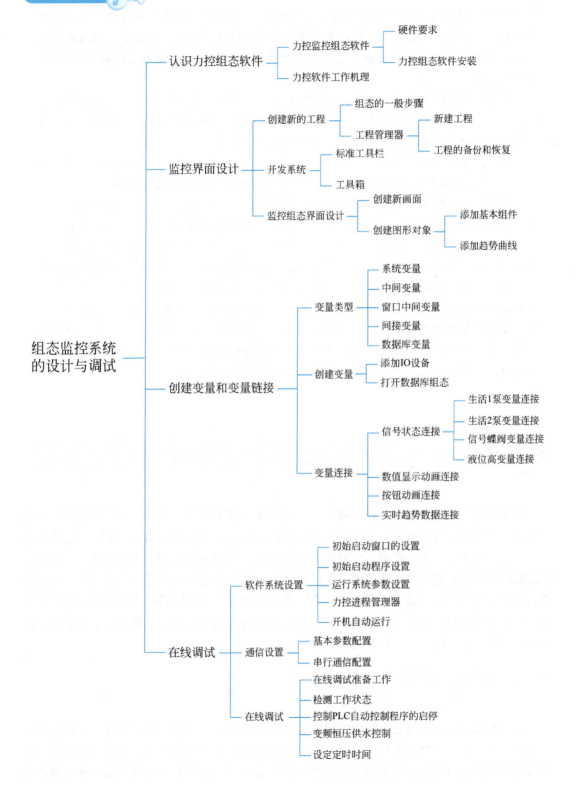

组态监控系统的设计与调试

- 认识力控组态软件
  - 力控监控组态软件
    - 硬件要求
    - 力控组态软件安装
  - 力控软件工作机理

- 监控界面设计
  - 创建新的工程
    - 组态的一般步骤
    - 工程管理器
      - 新建工程
      - 工程的备份和恢复
  - 开发系统
    - 标准工具栏
    - 工具箱
  - 监控组态界面设计
    - 创建新画面
    - 创建图形对象
      - 添加基本组件
      - 添加趋势曲线

- 创建变量和变量链接
  - 变量类型
    - 系统变量
    - 中间变量
    - 窗口中间变量
    - 间接变量
    - 数据库变量
  - 创建变量
    - 添加IO设备
    - 打开数据库组态
  - 变量连接
    - 信号状态连接
      - 生活1泵变量连接
      - 生活2泵变量连接
      - 信号蝶阀变量连接
      - 液位高变量连接
    - 数值显示动画连接
    - 按钮动画连接
    - 实时趋势数据连接

- 在线调试
  - 软件系统设置
    - 初始启动窗口的设置
    - 初始启动程序设置
    - 运行系统参数设置
    - 力控进程管理器
    - 开机自动运行
  - 通信设置
    - 基本参数配置
    - 串行通信配置
  - 在线调试
    - 在线调试准备工作
    - 检测工作状态
    - 控制PLC自动控制程序的启停
    - 变频恒压供水控制
    - 设定定时时间

引文

　　"组态"是一个约定俗成的概念，是"配置""设定""设置"等意思，是指用户通过类似"搭积木"的简单方式来完成自己所需要的软件功能，而不需要编写计算机程序。"监控"，即监视和控制，是指通过计算机信号对自动化设备或过程进行监视、控制和管理。

　　组态监控软件是对现场生产数据进行采集与过程控制的专用软件，它们是在自动控制系统监控层一级的软件平台和开发环境，使用灵活的组态方式，为用户提供快速构建工业自动控制系统监控功能的、通用层次的软件工具。

　　组态监控软件有很多种，比如 WINCC、WINCC flexible、MCGS、组态王、力控等。"建筑设备安装与调控（给排水）"赛项用的是力控组态监控软件。

　　力控组态监控软件最大的特点是能以灵活多样的"组态方式"而不是编程方式来进行系统集成，它提供了良好的用户开发界面和简捷的工程实现方法，只要将其预设置的各种软件模块进行简单的"组态"，便可以非常容易地实现和完成监控层的各项功能，比如在分布式网络应用中，所有应用（例如趋势曲线、报警等）对远程数据的引用方法与引用本地数据完全相同，通过"组态"的方式可以大大缩短自动化工程师的系统集成的时间，提高了集成效率。力控监控组态软件能同时和国内外各种工业控制厂家的设备进行网络通信，它可以与高可靠的工控计算机和网络系统结合，便可以达到集中管理和监控的目的，同时还可以方便的向控制层和管理层提供软、硬件的全部接口，实现与"第三方"的软、硬件系统进行整体的集成。

任务 8.1 认识力控组态软件

　　在组态软件出现之前，工控领域的用户通过手工或委托第三方编写 HMI 应用，开发时间长、效率低、可靠性差；或者购买专用的工控系统，通常是封闭的系统，选择余地小，往往不能满足需求，很难与外界进行数据交互，升级和增加功能都受到严重的限制。组态软件的出现，把用户从这些困境中解脱出来，可以利用组态软件的功能，构建一套最适合自己的应用系统。随着它的快速发展，实时数据库、实时控制、SCADA、通信及联网、开放数据接口、对 I/O 设备的广泛支持已经成为它的主要内容，随着技术的发展，监控组态软件将会不断被赋予新的内容。

8.1.1 力控监控组态软件

　　力控系列软件是由北京三维力控科技有限公司开发的一款监控组态软件，它以计算机为基本工具，为实施数据采集、过程监控、生产控制提供了基础平台，它可以和检测、控制设备构成任意复杂的监控系统。在过程监控中发挥了核心作用，可以帮助企业消除信息孤岛，降低运作成本，提高生产效率，加快市场反应速度。

力控通用监控组态软件的正式发行企业版分为开发版和运行版，开发版用来进行画面制作、工程组态等开发工作的工具。运行版安装、运行于在工程现场工作的 PC 机、工程站或其他终端上。运行版分为通用监控版、网络版等。

力控演示版的开发版和运行版分别有 64 点的限制。

1. 硬件要求

力控监控组态软件 ForceControl V6.1 于 2008 年正式发行，目前市面的计算机配置都能满足要求，安装力控软件的最低硬件配置如下：

① CPU：Pentium（R）4 CPU 2.0GHz 以上。

② 内存：512M 以上。

③ 显示器：VGA、SVGA 以及支持桌面操作系统的图形适配器，显示 256 色以上。

④ 并行口或 USB 口：安装产品授权的加密锁。

⑤ 软件支持的操作系统：Windows NT4.0（补丁 6）/Windows 2000 /Windows XP/WIN 2003/Windows 7。

2. 力控组态软件安装

以下的安装过程是 ForceControl V6.1 在 Windows7 下进行的，其他操作系统的安装过程与此相同。

（1）启动 setup. exe 安装程序

启动 setup. exe 安装程序后显示安装界面，如图 8-1 所示。在安装界面中各个按钮的作用分别是：

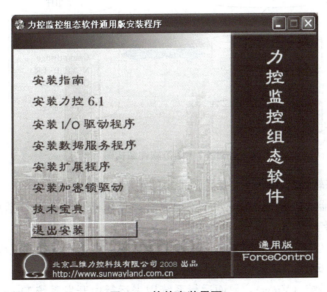

图 8-1　软件安装界面

① 安装指南：帮助您安装和使用力控组态软件。

② 安装力控 6.1：进行力控组态软件的安装，包括 B/S 和 C/S 网络功能。

8.1
力控组态
软件的
安装

③ 安装力控 I/O 驱动程序：安装力控 I/O 驱动程序前要安装通用版软件。

④ 安装数据服务程序：力控转发组件 DataServer 的安装。

⑤ 安装扩展程序：力控组态软件中的 ODBCRouter、DBTODB、CommBridge、Port-Server、OPCServer、SerialBridge、DBCOM 的例程、控制策略等功能组件的安装。

⑥ 加密锁驱动安装：加密锁驱动安装。

⑦ 技术宝典：阅读力控安装盘中提供的有价值的技术资料。

⑧ 退出安装：退出力控的安装程序。

（2）安装力控组态软件

竞赛平台"THPWSD-1A 型给排水设备安装与调控实训装置"安装的是力控演示版监控组态软件 ForceControl V6.1。安装时，双击"setup.exe 安装程序"即可进入到安装界面，然后分别点击"安装力控 6.1""安装力控 I/O 驱动程序""数据服务程序进行软件"进行软件安装。安装完成后，重新启动计算机即可正常运行力控演示版。

8.1.2　力控软件工作机理

力控监控组态软件基本的程序及组件包括：工程管理器、人机界面 VIEW、实时数据库 DB、I/O 驱动程序、控制策略生成器以及各种数据服务及扩展组件，其中实时数据库是系统的核心。

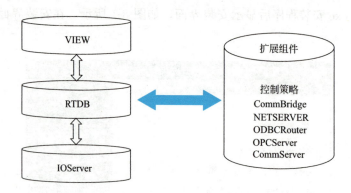

图 8-2　组态软件结构图

图 8-2 为组态软件结构图，主要的各种组件说明见下：

① 工程管理器（Project Manager）：工程管理器用于工程管理包括用于创建、删除、备份、恢复、选择工程等。

② 开发系统（Draw）：开发系统是一个集成环境，可以完成创建工程画面、配置各种系统参数、脚本、动画、启动力控其他程序组件等功能。

③ 界面运行系统（View）：界面运行系统用来运行由开发系统 Draw 创建的画面，脚本、动画连接等工程，操作人员通过它来实现实时监控。

④ 实时数据库（DB）：实时数据库是力控软件系统的数据处理核心，构建分布式应用系统的基础，它负责实时数据处理、历史数据存储、统计数据处理、报警处理、数据服务请求处理等。

⑤ I/O 驱动程序（I/O Server）：I/O 驱动程序负责力控与控制设备的通信，它将 I/O 设备寄存器中的数据读出后，传送到力控的实时数据库，最后界面运行系统会在画面上动态显示。

⑥ 网络通信程序（NetClient/NetServer）：网络通信程序采用 TCP/IP 通信协议，可利用 Intranet/Internet 实现不同网络节点上力控之间的数据通信，可以实现力控软件的高效率通信。

⑦ 远程通信服务程序（CommServer）：该通信程序支持串口、电台、拨号、移动网络等多种通信方式，通过力控在两台计算机之间实现通信，使用 RS232C 接口，可实现一对一的通信；如果使用 RS485 总线，还可实现一对多台计算机的通信，同时也可以通过电台、MODEM、移动网络的方式进行通信。

⑧ Web 服务器程序（Web Server）：Web 服务器程序可为处在世界各地的远程用户实现在台式机或便携机上用标准浏览器实时监控现场生产过程。

⑨ 控制策略生成器（StrategyBuilder）：控制策略生成器是面向控制的新一代软逻辑自动化控制软件，采用符合 IEC61131-3 标准的图形化编程方式，提供包括：变量、数学运算、逻辑功能、程序控制、常规功能、控制回路、数字点处理等在内的十几类基本运算块，内置常规 PID、比值控制、开关控制、斜坡控制等丰富的控制算法。同时提供开放的算法接口，可以嵌入用户自己的控制程序。控制策略生成器与力控的其他程序组件可以无缝连接。

任务 8.2　监控界面设计

对于力控软件，每一个实际的应用案例称作工程。一个典型的应用包含设备驱动、区域数据库、监控画面开发、数据连接等组态和运行数据。

设备驱动是指计算机跟何种设备相连（如 PLC、板卡、模块、智能仪表）、是直接相连或是通过设备供应商提供的软件相连以及何种网络等。

区域数据库是将数据库的点参数和采集设备的通道地址相对应，现场的数据处理、量程变换、报警处理、历史存贮等都放到数据库进行，数据库提供了数据处理的手段，同时又是分布式网络服务的核心。

监控画面开发是在应用组态中最重要的一部分，现场数据采集到计算机中后，操作人员通过仿真的现场流程画面便可以做监控，开发包括流程图、历史/实时分析曲线、历史/实时报警、生产报表等功能。

数据连接是指通过数据库变量进行动画连接，人机界面 HMI 里的数据库变量对应区域数据库 DB 的一个点参数，通过点参数的数据连接来完成和 I/O 中过程数据的映射。

8.2.1　创建新的工程

力控组态软件创建新的工程项目的一般过程是：绘制图形界面、创建数据库、配置 I/O 设备并进行 I/O 数据连接、建立动画连接、运行及调试。

1. 组态的一般步骤

① 将开发的工业控制项目中所有I/O点的参数收集齐全，并填写表格。

② 搞清楚所使用的I/O设备的生产商、种类、型号，使用的通信接口类型、采用的通信协议，以便在定义I/O设备时做出准确选择，设备包括PLC、板卡、模块、智能仪表等。

③ 将所有I/O点的I/O标识收集齐全，并填写表格，I/O标识是唯一地确定一个I/O点的关键字，组态软件通过向I/O设备发出I/O标识来请求其对应的数据。在大多数情况下I/O标识是I/O点的地址或位号名称。

④ 根据工艺过程绘制、设计画面结构和画面草图。

⑤ 按照第1步统计出的表格，建立实时数据库，正确组态各种变量参数。

⑥ 根据第1步和第3步的统计结果，在实时数据库中建立实时数据库变量与I/O点的一一对应关系，即定义数据连接。

⑦ 根据第4步的画面结构和画面草图，组态每一幅静态的操作画面（主要是绘图）。

⑧ 将操作画面中的图形对象与实时数据库变量建立动画连接关系，规定动画属性和幅度。

⑨ 对组态内容进行分段和总体调试。

⑩ 系统投入运行。

2. 工程管理器

每个力控工程的数据文件都存放在不同的目录下，这个目录又包含多个子目录和文件。对于力控用户，可能同时保存多个力控工程。力控工程管理器实现了对多个力控工程的集中管理。

点击"开始→所有程序→力控6.1"，即可启动"工程管理器"，如图8-3所示。

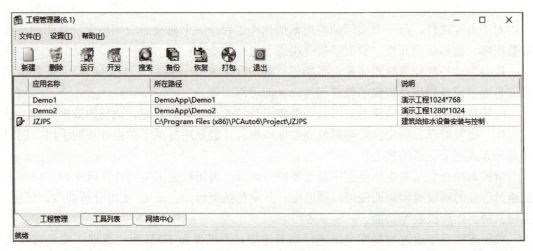

图8-3 工程管理器

工程管理器的主要功能包括：新建工程、删除工程，搜索指定路径下的所有力控工程，修改工程属性，工程的备份、恢复，切换到力控开发系统或运行系统等。

工程管理器窗口界面从上到下包括：菜单栏、工具栏、工程列表显示区、属性页标签等部分。其中单击属性页标签可以在三个属性页窗口：工程管理、工具列表、网络中心之间进行切换。

（1）新建工程应用

在工具条按"新建"按钮，弹出如图 8-4 所示的对话框。项目类型窗口提供了许多行业的示例工程，当选中其中某个工程后，此时新建的工程就会以此工程为模板来建立新工程。生成路径是指定新建工程的工作目录，如果指定的目录不存在，工程管理器会自动创建该目录。描述信息是对新建工程的说明文本。

图 8-4　"新建工程"对话框

（2）工程的备份和恢复

在工具条上按"备份"按钮，可将力控工程备份成 PCK 或 PCZ 格式的压缩文件，备份文件可以随意拷贝移动，任何的力控 6.1 组态软件都可将其恢复成原工作。压缩文件可指定保存文件路径和文件名称，可通过选项进行选择是否对历史数据进行保存操作。工程备份完成后，将在指定目录下生成备份文件，如"JZJPS. PCZ"。

恢复是与备份相反的操作，是将工程备份生成的工程 PCK 或 PCZ 格式的压缩文件解压缩并恢复成原工程。如图 8-5 所示。

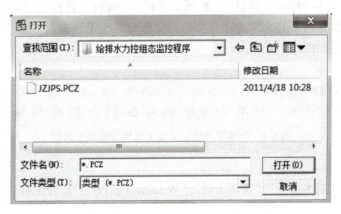

图 8-5　"恢复工程"对话框

8.2.2 开发系统

力控软件分为开发系统和运行系统。开发系统（Draw）是一个集成的开发环境，可以创建工程画面、分析曲线、报表生成，定义变量、编制动作脚本等，同时可以配置各种系统参数，启动力控其他程序组件等。我们说的"组态"就在这里完成，运行系统执行在开发系统中开发完的工程，完成计算机监控的过程。

工程项目开发人员可以在开发环境中完成监控界面的设计、动画连接的定义、数据库组态等，开发系统管理了力控的多个组件如 DB、IO、HMI、NET 等的配置信息。力控软件开发系统可以方便地生成各种复杂生动的画面，可以逼真地反映现场数据。

点击"工程管理器"上的"开发"按钮，即可进入选中工作的开发环境 Draw。

开发环境界面分别由命令操作区、工具箱、工程项目、系统配置、属性设置、帮助说明及系统绘图区域等组成。如图 8-6 所示。

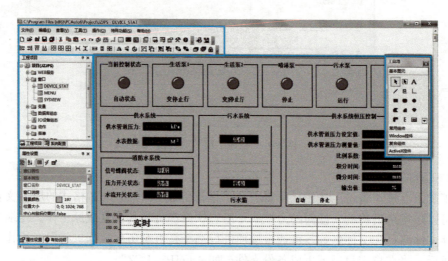

图 8-6 开发环境界面

1. 标准工具栏

命令操作区包括"标准工具栏""扩展工具栏""编辑工具栏"，当鼠标移动到命令按钮上时，会提示命令名。其大部分命令按钮的操作与其他工程软件和办公软件类似，这里不再赘述。工具栏如图 8-7 所示。

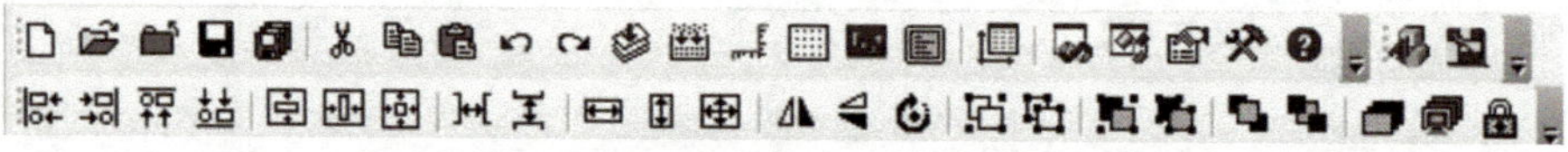

图 8-7 标准工具栏、扩展工具栏和编辑工具栏

2. 工具箱

工具箱包括"基本图元""常用组件""Windows 控件""复合组件""ActiveX 控件"。如图 8-8 所示。

图 8-8　工具箱

基本图元包括选择工具，可以创建文本对象、直线、折线、弧、矩形或正方形、椭圆或圆、多边形、立体管道、刻度条、按钮等对象。

常用组件可创建位图、实时趋势或历史趋势、报警、事件查询、历史报表、专家报表、X-Y 实时或历史曲线、温控曲线等对象。

8.2.3　监控组态界面设计

在力控组态应用中，最重要的部分之一就是监控画面图像对象的制作。现场数据采集到装有力控组态的计算机中后，操作人员通过力控组态仿真的画面对象便可以实现监控。

【工作任务】根据"THPWSD-1A 型给排水设备安装与调控实训装置"，设计如图 8-9 所示建筑给水排水监控组态界面。

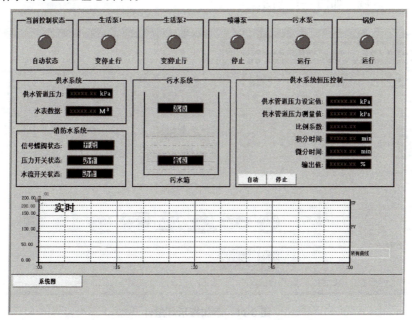

图 8-9　建筑给水排水监控组态界面

1. 创建新画面

进入开发环境 Draw 后，首先需要创建一个新窗口。选择"文件［F］/新建"命令出现"窗口属性"对话框，如图 8-10 所示。本例中窗口属性各选项均采用缺省设置。

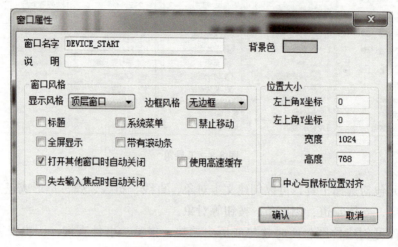

图 8-10 "窗口属性"对话框

2. 创建图形对象

（1）添加基本组件

现在，在屏幕上有了一个窗口，同时出现了 Draw 的工具箱。如果想要显示网格，激活 Draw 菜单命令"查看/网格"。

1）添加指示灯组件。点击扩展工具栏"选择图库"按钮，在"图库"中选择"报警灯"，从右侧的"精灵图库"图库选择圆形指示灯拖放到系统绘图区域。如图 8-11 所示。

8.2
创建图形
对象

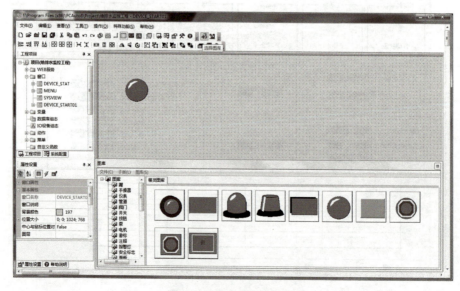

图 8-11 添加指示灯组件

2）添加指示灯框线。点选工具箱基本图元中的"矩形"按钮，光标变成粗十字，在系统绘图区拖拽鼠标形成一个矩形方框。单击鼠标右键选择对象属性，在对象属性中，"填颜色"选系统默认颜色，"线/文本色"选择黑色，边框风格选择带边框，线粗细设定为 2，矩形填充选择为空心。如图 8-12 所示。

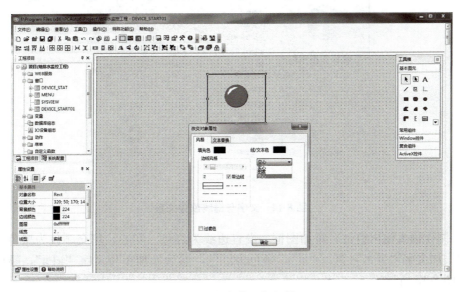

图 8-12 添加指示灯框线

3）添加文字。点选工具箱基本图元中的"文本"按钮，光标变成"I"形，放到系统编辑区，输入文字"当前状态指示灯"，鼠标放到文字上，单击鼠标右键，打开文本属性对话框，可以在里面设置、修改文字的颜色、字体、方向等属性。将文字透明选项对勾去掉，背景色设置为系统默认颜色，颜色代码"197"。如图 8-13 所示。

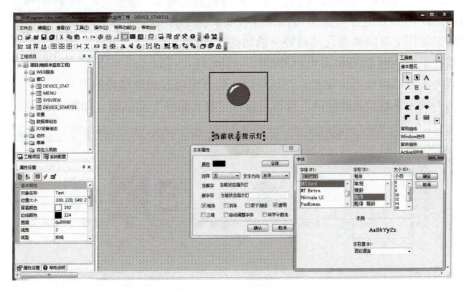

图 8-13 添加文字

4）文字与框线位置关系。选中框线，单击鼠标右键，在弹出菜单"图元位置"上，单击鼠标左键，选择后置选项。如图 8-14 所示。

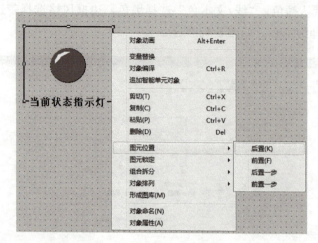

图 8-14　文字与框线位置关系

5）制作输入输出组件。添加图框，设置边线为红色、实心，填充颜色为黑色，再在图框中添加文字"××××.××"，颜色为红色，然后添加单位文字"kPa"，颜色为白色。如图 8-15 所示。

6）添加按钮组件。点选工具箱基本图元中的"增强型按钮"按钮，光标变成粗十字，在系统编辑区拖拽出一个长方形，单击鼠标左键，编辑增强型按钮上的文本信息为"自动"，单击右键可以设置文本的属性。如图 8-15 所示。

（2）添加趋势曲线

1）添加实时曲线。实时趋势是根据变量的数值实时变化生成的曲线，历史趋势功能是通过保存在实时数据库中的历史数据随历史时间而变化的趋势所绘出的二维曲线图。在力控软件里面实时趋势和历史趋势是同一个组件，可以

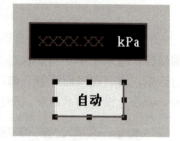

图 8-15　制作输入输出组件和添加增强型按钮

分别设置为实时趋势和历史趋势，并且可以在运行中动态切换趋势的类型。

点击扩展工具栏"选择精灵"按钮，打开"复合组件"对话框，如图 8-16 所示。

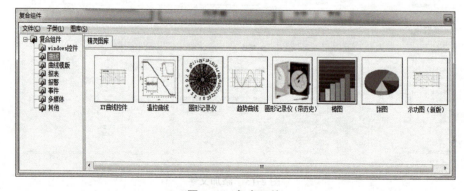

图 8-16　复合组件

选择图 8-16 树形菜单中的"曲线"，双击"趋势曲线"的图标，则在系统绘图区显示如图 8-17 所示控件。

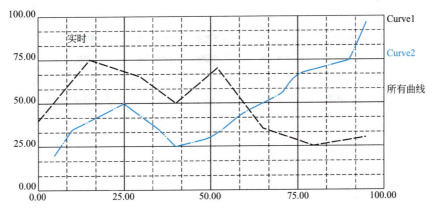

图 8-17　添加趋势曲线

2）设置趋势曲线属性。选中趋势曲线对象，单击鼠标右键，点击"对象属性"，可弹出"改变对象属性"对话框，如图 8-18 所示，这时可以设置趋势曲线的属性。

根据需要首先选择曲线的类型是实时趋势或者历史趋势，然后选择数据源。曲线表格中可以列出已经增加过的曲线的名称、采样点数、取值方式、样式、颜色等。可以增加一行曲线的配置信息，也可以对已经存在的曲线参数进行编辑。

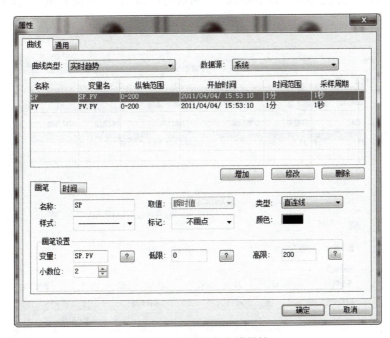

图 8-18　设置趋势曲线属性

3）设置趋势通用属性。通用属性包括"X，Y 轴栅格""采用百分比坐标""无效数据去除""多 X，Y 轴显示""显示图例"等。如图 8-19 所示。

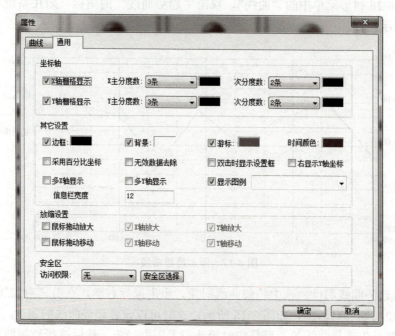

图 8-19　趋势通用属性

4）设置时间属性：如果趋势类型选择的是"历史趋势"，那么就要设置趋势的"时间"属性页。时间属性包括："显示格式""初始时间范围""时间长度""采样间隔"。如图 8-20 所示。

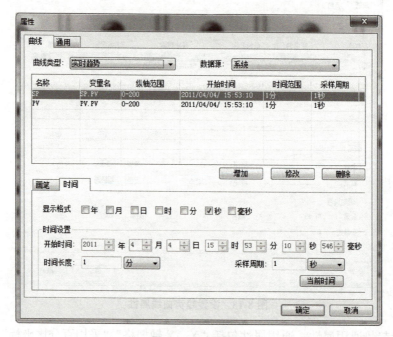

图 8-20　时间属性

　创建变量和变量连接

【工作任务】完成给水排水组态监控软件工程（已做好系统监控画面）组件脚本程序和动作配置。

完成了"建筑给水排水监控组态界面"设计工作后，接下来还要定义 I/O 设备、创建数据库、制作动画连接和设置 I/O 驱动程序。数据库是应用程序的核心，动画连接使图形"活动"起来，I/O 驱动程序完成与硬件测控设备的数据通信。

8.3.1　变量类型

力控软件基本的运行环境分为三个部分，包括人机界面（View）、数据库（DB）、通信程序（IO/SERVER），变量是人机界面软件数据处理的核心。它是 View 进行内部控制、运算的主要数据成员，是 View 中编译环境的基本组成部分，只生存于 View 的环境中。

人机界面程序 View 运行时，工业现场的状况要以数据的形式在画面中显示，View 中所有动态表现手段，如数值显示、闪烁、变色等都与这些数据相关。同时操作人员在计算机前发送的指令也要通过它送达现场，这些代表变化数据的对象为变量，运行系统 View 在运行时，工业现场的生产状况将实时地反映在变量的数值中。

力控提供多种变量，包括：数据库变量、中间变量、间接变量、窗口中间变量、数据库变量等。

1. 系统变量

力控提供了一些预定义中间变量，称为系统变量。每个系统变量均有明确的意义，可以完成特定功能。例如，若要显示当前系统时间，可以将系统变量"＄time"动画连接到一个字符串显示上，具体参见《力控 6.0 参考手册》系统变量。系统变量均以"＄"开头。

打开开发环境 Draw，选择"特殊功能［S］/变量"命令出现"变量管理"对话框，如图 8-21 所示，从变量管理器中可以查看到全部系统变量。

2. 中间变量和窗口中间变量

（1）中间变量

中间变量的作用域范围为整个应用程序，不限于单个窗口。一个中间变量，在所有窗口中均可引用。即在对某一窗口的控制中，对中间变量的修改将对其他引用此中间变量的窗口的控制产生影响。中间变量适于作为整个应用程序动作控制的全局性变量、全局引用的计算变量或用于保存临时结果。

（2）窗口中间变量

窗口中间变量作用域仅限于力控应用程序的一个窗口，或者说，在一个窗口内创建的窗口中间变量，在其他窗口内是不可引用的，即它对其他窗口是不可见的。窗口中间变量

图 8-21　变量管理器系统变量

是一种临时变量，它没有自己的数据源，通常用作一个窗口内动作控制的局部变量、局部计算变量，用于保存临时结果。

3. 间接变量

间接变量是一种可以在系统运行时被其他变量代换的变量，一般我们将间接变量作为其他变量的指针，操作间接变量也就是操作其指向的目标变量，间接变量代换为其他变量后，引用间接变量的地方就相当于在引用代换变量一样。

4. 数据库变量

数据库变量及组态点连接如图 8-22 所示。

	NAME [点名]	DESC [说明]	%IOLINK [I/O连接]
1	PV	测量值	PV=CPU224:VS区200通道FL格式
2	SP	设定值	PV=CPU224:VS区204通道FL格式
3	OP	PID输出值	PV=CPU224:VS区208通道FL格式
4	P	比例系数	PV=CPU224:VS区212通道FL格式
5	I	积分系数	PV=CPU224:VS区220通道FL格式
6	D	微分系数	PV=CPU224:VS区224通道FL格式
7	SB	水表脉冲	PV=CPU224:EB区0通道BY格式0位
8	XHDF	信号蝶阀状态	PV=CPU224:EB区0通道BY格式1位
9	CM	手自动状态	PV=CPU224:EB区0通道BY格式2位
10	PLB	喷淋泵运行状态	PV=CPU224:EB区0通道BY格式3位
11	SHB1_GP	生活1泵工频运行状态	PV=CPU224:EB区0通道BY格式4位
12	SHB1_BP	生活1泵变频运行状态	PV=CPU224:EB区0通道BY格式5位
13	SHB2_BP	生活2泵变频运行状态	PV=CPU224:EB区0通道BY格式6位
14	SHB2_GP	生活2泵工频运行状态	PV=CPU224:EB区0通道BY格式7位
15	PSB	排水泵运行状态	PV=CPU224:EB区1通道BY格式1位
16	GL	锅炉运行状态	PV=CPU224:EB区1通道BY格式0位
17	YW_HIGH	液位高信号	PV=CPU224:EB区1通道BY格式2位
18	YW_LOW	液位低信号	PV=CPU224:EB区1通道BY格式3位
19	YLKG	压力开关信号	PV=CPU224:EB区1通道BY格式4位
20	SLZS	水流指示器信号	PV=CPU224:EB区1通道BY格式5位
21	Run	总启停控制位	PV=CPU224:MB区20通道BY格式0位

图 8-22　数据库

数据库变量与数据库 DB 中的点参数进行对应，完成数据交互，数据库变量是人机界面与实时数据库联系的桥梁，其中的数据库变量不但可以访问本地数据库，还可以访问远程数据库，来构成分布式结构。当要在界面上显示处理数据库中的数据时，需要使用数据库变量。数据库变量的作用域为整个应用程序。一个数据库变量对应数据库中的一个点参数。

8.3.2　创建变量

1. 添加 IO 设备

打开开发环境 Draw，双击鼠标左键"工程项目"里的"IO 设备组态"打开 IO 设备管理器，在左侧设备列表中选择"SIEMENS（西门子）"→"S7-200（PPI）"，双击鼠标左键进行设备参数配置。

在"设备配置-第一步"中需要设定"设备名称"，设备名称可以自行定义；在"设备地址"中默认设置为地址 2，"通信方式"选择"串口（RS232/422/485）"选项。完成上面设置后，点击"下一步"按钮，进入"设备配置-第二步"，"串口："默认配置为 COM1，如果上位机 PC 电脑串行端口不是 COM1，则要根据实际端口进行配置。如图 8-23 所示。

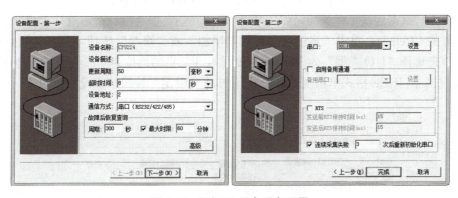

图 8-23　添加 IO 设备设备配置

2. 打开数据库组态

在"工程项目"栏，鼠标左键双击"数据库组态"，打开数据库管理器。在左侧"数据库"树形目录"区域"标签上单击鼠标右键，打开"指定区域、点类型"对话框，如图 8-24 所示。分别选择"模拟 I/O 点"和"数字 I/O 点"，在空行上双击单击鼠标左键可以新增数据点，在已有数据行上双击可删除数据点。如图 8-25 所示。

（1）模拟 I/O 点

如图 8-25 所示，在新增或修改模拟 I/O 数据点对话框中，"基本参数"标签项需要设置"点名（NAME）"；对于测量值和设定值还需要进行量程变换，在"量程变换"前的方框内点击鼠标左键，打上对勾，选中此项功能，数据库将对测量值（PV）进行量程变换运算，可以完成一些线形化的转换，运算公式为：$PV = EULO + (PVRAW - PVRAWLO) * (EUHI - EULO)/(PVRAWHI - PVRAWLO)$。

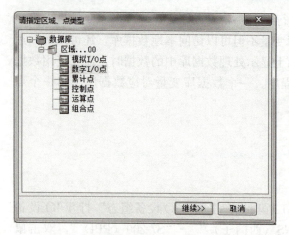

图 8-24　数据库目录-指定区域、点类型

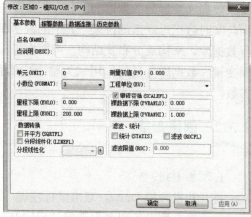

图 8-25　数据库管理器新增或修改数据点

　　如数据上下限分别为"1.000"和"0.000"，量程上下限分别对应为"200.000"和"0.000"，经过量程变换后，在组态监控界面可以直接按照实际需求输入压力设定值，并监测实际的压力测量值。对于 PID 算法的输出值"OP"，由于在组态界面只要显示其百分比，故量程变换时，裸数据上下限分别为"1.000"和"0.000"，量程上下限分别对应为"100.000"和"0.000"。其他的 P、I、D 点组态不要做量程变换。

　　切换到"数据连接"标签项，如图 8-26 所示。选择"I/O 设备"，连接 I/O 设备选择刚刚添加的 CPU224，单击"连接项"右侧"增加"或"修改"按钮，打开"组点联接"窗口，首先选择"I/O 类型"为 VS（内存变量），PV 点的地址为"200"，"数据格式"选择"FL（32 位 IEEE 格式单精度浮点型）"，单击"确定"按钮结束设置。

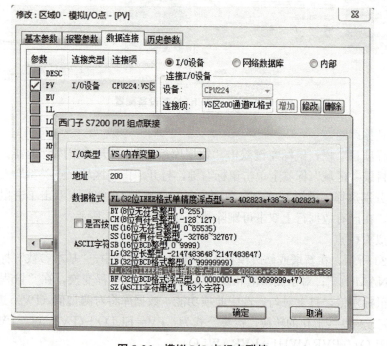

图 8-26　模拟 I/O 点组点联接

（2）数字 I/O 点

如图 8-27 所示，在新增或修改数字 I/O 数据点对话框中，在"基本参数"标签项中需要设置"点名（NAME）"，如"XHDF"。然后切换到"数据连接"标签项中，如图 8-28 所示，选择"I/O 设备"为 CPU224，在连接项中右侧按钮中选择"新增"或"修改"，进入"组点联接"窗口。"I/O 类型"选择"EB（输入寄存器）"，"SB"信号的地址为"0"，数据格式为"BY（8 位无符号整形，0～255）"，"是否按位存取"前方框内打勾，并且选择第 1 位。

图 8-27　数字 I/O 点

图 8-28　数字 I/O 点组点联接

8.3.3　变量连接

1. 信号状态连接

（1）生活泵 1 变量连接

切换到组态监控界面，鼠标左键双击"自动状态"上面的红色指示灯，打开"环形指示灯"属性窗口，在"表达式"右侧省略号按钮，弹出"变量选择"窗口，如图 8-29 所示。选中"实时数据库"，在点名称中选择"CM"，在"参数"项中选择"PV"，然后单击右下侧"选择"按钮。当为"假"时指示灯颜色设置为红色，当为"真"时指示灯颜色设置为绿色。对于生活泵 1 和生活泵 2，无论是工频运行还是变频运行，指示灯都要显示为绿色，工频信号和变频信号为或逻辑关系，因此，变量连接处"表达式"应为"SHB1_GP.PV‖SHB1_BP.PV"。如图 8-30 所示。

8.3
变量连接

（2）生活泵 2 变量连接

文字的显示和隐藏，以生活泵 2"停止"文字为例，当生活泵 2 工频或变频运行时，"停止"文字标签都需要隐藏，因此，"停止"文字的动画连接隐藏属性表达式为"SHB2_GP.PV‖HB2_BP.PV"。如图 8-31 所示。

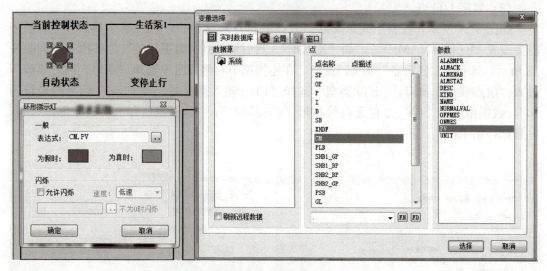

图 8-29 变量选择

图 8-30 环形指示灯表达式

（3）信号蝶阀变量连接

消防系统信号蝶阀状态信息"开启"和"关闭"文字动画属性连接，当信号蝶阀关闭，没有信号时，"开启"文字标签需要不显示，故表达式为"XHDF. PV"，何时隐藏项目选"表达式为假"。如图 8-32 所示。

（4）液位高变量连接

液位高和液位低的背景框也按照显示和隐藏动画属性进行设置。如图 8-33 所示。

2. 数值显示动画连接

双击供水管道压力设定值右侧"XXXXX. XX"字符串，弹出动画连接窗口，鼠标左键单击"数值显示"下面的"模拟"按钮，弹出"数值输入"对话出口，鼠标左键单击

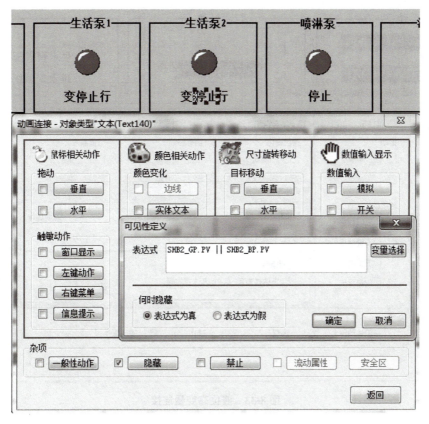

图 8-31 文字的显示和隐藏表达式

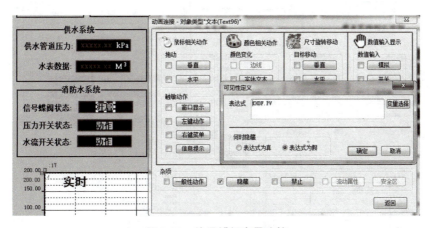

图 8-32 信号蝶阀变量连接

"变量选择"按钮,在弹出的"变量选择"对话窗口中,切换到"全局"标签项,选择下面的"SP_DRAW"中间变量。如图 8-34 所示。

由于给水排水监控程序中在上切增泵和下切减泵的变频器过渡时间内 PID 控制算法都要停止工作,过渡过程结束后,PID 算法再次运行时,PID 的设定值会发生跳变。为了使系统压力符合设定压力,此处压力设定值先传给中间变量"SP_DRAW",然后在程序运行的周期

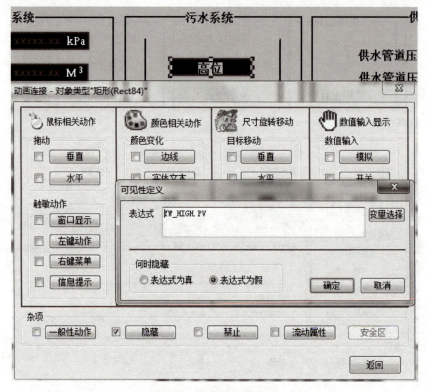

图 8-33　液位高变量连接

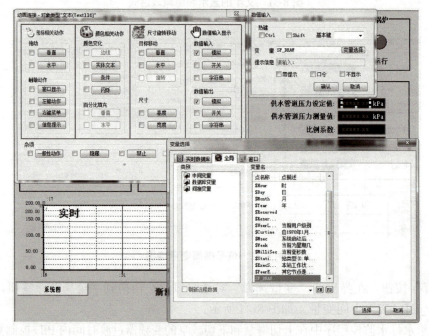

图 8-34　数值显示动画连接

中再把中间变量"SP_DRAW"的值传给"SP_PV"数据库变量。如图 8-35 所示。

图 8-35　脚本编辑器

3. 按钮动画连接

鼠标左键双击"自动"按钮，在弹出的对话框中，选择"触敏动作"下面"左键动作"按钮，在弹出的脚本编辑器中写入"Run.PV=1"即可，停止按钮"左键动作"对应的脚本为"Run.PV=0"。如图 8-36 所示。

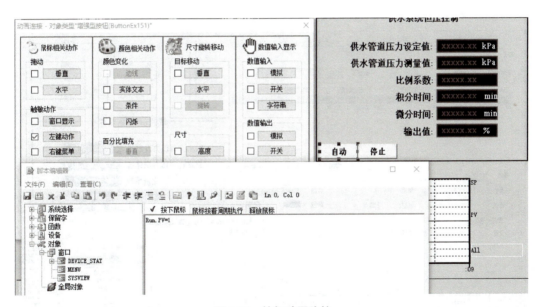

图 8-36　按钮动画连接

双击组态界面"系统图"按钮，在弹出的"动画连接"对窗口中，单击"窗口显示"按钮，在"选择窗口"对话框选择"SYSVIEW"即可进行窗口切换。如图 8-37 所示。

4. 实时趋势数据连接

在"实时趋势"区域双击鼠标左键，出现"属性"窗口，在"画笔"标签项中设定名称，然后单击"变量"右侧"?"按钮，弹出"变量选择"窗口，选择实时数据库中的点"SP"，参数为"PV"；"低限"和"高限"分别设为"0"和"200"，设置完毕后，左键单击"增加"按钮，将刚刚定义的曲线信息添加到系统里面。如图 8-38 所示。

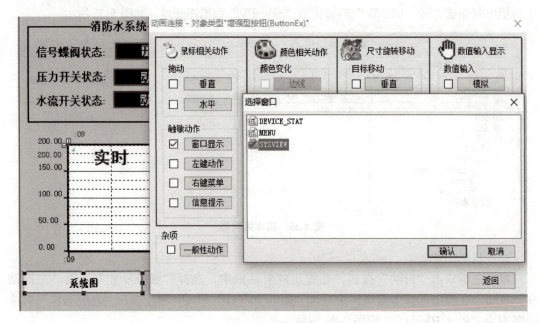

图 8-37　窗口切换

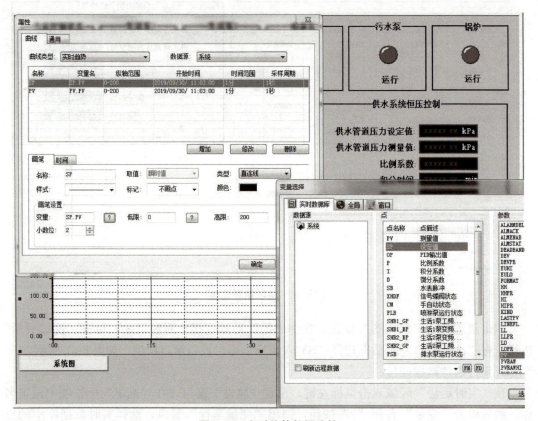

图 8-38　实时趋势数据连接

任务 8.4　在线调试

【工作任务】在任务 8.3 已完成给水排水组态监控软件工程系统监控画面，部分组件脚本程序和动作配置的基础上，利用提供的力控组态软件进一步进行组态调试，实现以下功能：

① 通过上位机能检测"当前工作状态""生活泵 1""生活泵 2""喷淋泵""污水泵""锅炉"、污水箱的"高位"和"低位"的工作状态；

② 通过上位机能检测"信号蝶阀""压力开关""水流开关"的工作状态；

③ 通过上位机能检测"供水管道压力""水表数据"，其中"供水管道压力"要能通过曲线反映出来；

④ 在上位机上能通过"自动"和"停止"按钮控制 PLC 自动控制程序的启停；

⑤ 通过上位机能修改和设定"供水管道压力设定值""比例系数""积分时间"，并实现稳定的变频恒压供水控制；

⑥ 在上位机组态软件上能通过输入数值更改定时时间。

8.4.1　软件系统设置

1. 初始启动窗口的设置

初始启动窗口是指当工程应用进入运行系统时，运行系统自动打开的指定窗口。初始启动窗口如图 8-39 所示，具体的操作方式如下：

① 增加：点击增加按钮选择窗口。

② 删除：删除初始窗口列表中所选择的窗口。

③ 确定：保存设置并退出初始启动设置对话框。

④ 取消：不保存设置同时退出初始启动设置对话框。

2. 初始启动程序设置

初始启动设置是指当工程应用进入到运行系统时，由进程管理器自动启动所选的程序。在系统配置导航栏中，选择系统配置下的初始启动程序，初始启动设置如图 8-40 所示。

3. 运行系统参数设置

运行系统 View 在运行时，涉及许多系统参数，这些参数会对 View 的运行性能产生很大影响。主要包括运行系统、打印参数等。在系统进入运行前，根据现场的实际情况，需要对运行系统的参数进行设置。

（1）参数设置

参数设置如图 8-41（a）所示，具体设置如下：

1）数据刷新周期：运行系统 View 对数据库 DB 实时数据的访问周期，缺省为 200ms，建议使用默认值。

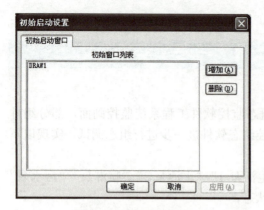

图 8-39　初始启动窗口

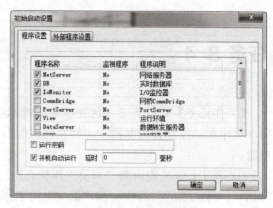

图 8-40　初始启动设置

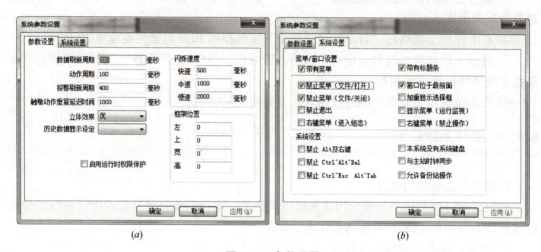

图 8-41　参数设置

(a) 参数设置；(b) 系统设置

2）动作周期：运行系统 View 执行动作脚本动作的基本周期，缺省为 100ms，建议使用默认值。

3）报警刷新周期：运行系统 View 对数据库 DB 报警数据的访问周期，缺省为 400ms，建议使用默认值。

4）触敏动作重复延时时间：在运行系统 View 中鼠标按下时对象触敏动作周期执行的时间间隔，缺省为 1000ms。

5）立体效果：设置运行时立体图形对象的立体效果，包括优、良、中、低和差五个级别，立体效果越好对计算机资源的使用越多。

6）历史数据显示设定：历史数据记录没有形成时，历史数据显示的值。

7）闪烁速度：组态环境中动画连接的闪烁速度可选择快、适中和慢三种。而每一种对应的运行时速度是在这里设定的，缺省值分别为：500、1000、2000ms。

8）启动运行时权限保护：选中此项设置后，当进入运行系统时，需要输入用户管理中设置的用户名和密码。选择了某种用户级别后，只有该级别以上的用户才可以进入运行系统。

（2）系统设置

系统设置如图 8-41（b）所示，具体设置如下：

1）菜单/窗口设置

① 带有菜单：进入运行系统 View 后显示菜单栏。

② 带有标题条：进入运行系统 View 后显示标题条。

③ 禁止菜单（文件/打开）：进入运行系统 View 时，菜单"文件［F］/打开"项隐藏，以防止随意打开窗口。

④ 窗口位于最前面：进入运行系统 View 后，View 应用程序窗口始终处于顶层窗口。其他应用程序即使被激活，也不能覆盖 View 应用程序窗口。

⑤ 禁止菜单（文件/关闭）：进入运行系统 View 时，菜单"文件［F］/关闭"项隐藏，以防止随意关闭窗口。

⑥ 禁止退出：在进入运行系统 View 时，禁止退出运行系统。

⑦ 右键菜单（进入组态）：在运行情况下可以通过右键菜单进入开发系统 Draw。

⑧ 加重显示选择框：在运行系统 View 中，图形对象的触敏框加重显示。

⑨ 显示菜单（运行监视）：在运行系统 View 中，界面有菜单显示。

⑩ 右键菜单（禁止操作）：在运行情况下右键菜单出现禁止/允许用户操作。

2）系统设置

① 禁止 Alt 及右键：在进入运行系统 View 后，系统功能热键"Alt＋F4"、右键失效；运行系统 View 的系统窗口控制菜单中的关闭命令、系统窗口控制的关闭按钮失效。

② 禁止 Ctrl-Alt-Del：在进入运行系统 View 后，操作系统不响应热启动键"Alt＋Ctrl＋Del"，防止力控运行系统被强制关闭。

③ 禁止 Ctrl-Esc Alt-Tab：在进入运行系统 View 后，不响应系统热键"Ctrl＋Esc"和"Alt＋Tab"。

④ 本系统没有系统键盘：在进入运行系统 View 后，对所有输入框进行输入操作时，系统自动出现软键盘提示，仅用鼠标点击就可以完成所有字母和数字的输入，此参数项适用于不提供键盘的计算机。

⑤ 与主站时钟同步：用于双机冗余系统中，选择后，在系统运行时，从站的时钟会主动同步主站。

⑥ 允许备份站操作：用于双机冗余系统中，选择后，从站也可以操作。

4. 力控进程管理器

启动与停止进程需要在力控进程管理器中进行。工程管理器启动后，力控进程管理器以后台方式运行。单击 Windows 窗口右下角的"显示隐藏的图标"三角形按钮，单击"进程管理器"图标即可打开力控进程管理器，如图 8-42 所示。

进程的管理主要分为停止所有进程和停止单一进程这两方面。

（1）停止所有进程：在进程管理器中选择菜单命令"监控/退出"，可以同时关闭所有进程。如图 8-43 所示。

（2）停止单一进程：在进程管理器中选择菜单命令"监控/查看"，可以停止所选择的单一进程。如图 8-44 所示。

图 8-42　启动进程管理器

图 8-43　停止所有进程

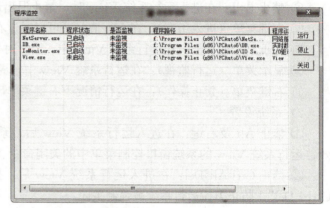

图 8-44　停止单一的进程

5. 开机自动运行

在生产现场运行的系统，很多情况下要求启动计算机后就自动运行力控的程序，在力控中要实现这个功能，配置的方法如下：在开发系统中，依次点击系统配置导航栏/系统配置/初始启动程序，将开机自动运行功能选中，如图 8-40 所示。如果选择了开机自动运行选项，当计算机启动运行后，随着 Windows 操作系统的启动，力控工程应用也自动进入运行状态。

8.4.2　通信设置

1. 基本参数配置

在力控 IO 驱动程序中缺省情况下，通信方式的选择就是正确的，因此工程人员轻易不要修改这个参数，对于同时支持多种通信方式的设备，工程人员也要在了解设备的前提下，根据实际情况修改。如图 8-45 所示。

（1）设备名称：指定要创建的 I/O 设备的名称，如："PLC"。在一个应用工程内，设备名称要唯一。

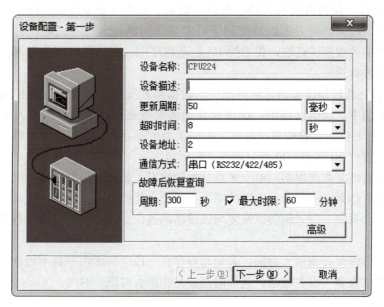

图 8-45　I/O 设备配置第一步

（2）设备描述：I/O 设备的说明。可指定任意字符串。

（3）设备地址：设备的编号，需参考设备设定参数来配置。

（4）更新周期：I/O 设备在处理两次数据包采集任务时的时间间隔，一般情况下，一个更新周期，只能处理一个数据包。更新周期的设置一定要考虑到物理设备的实际特性，对有些通信能力不强的通信设备，更新周期设置过小，会导致频繁采集物理设备，对于部分通信性能不高的设备，会增加设备的处理负荷，甚至出现通信中断的情况。更新周期可根据时间单位选择：毫秒、秒、分钟等。

（5）超时时间：在处理一个数据包的读、写操作时，等待物理设备正确响应的时间。例如，工程人员要通过串口采集一台 PLC 中某个寄存器的变量，超时时间设为 8 秒。驱动程序通过串口向该 PLC 设备发送了采集命令，但命令在传输过程中由于受到外界干扰产生误码，PLC 设备未能收到正确的采集命令将不做应答。因此驱动程序在发出采集命令后将不能收到应答，它会持续等待 8 秒后继续其他任务的处理。在这 8 秒期间，驱动程序不会通过串口发送任何命令。超时时间的概念仅适用于串口、以太网等通信方式，对于同步（板卡、适配器、API 等）方式没有实际意义。超时时间可根据时间单位选择：毫秒、秒、分钟等。

（6）通信方式

① 同步：板卡、现场总线适配器、OPC、API 等通信方式。

② 串口：RS232/422/485 通信、MODEM、电台通信。

③ 以太网：TCP/IP、UDP/IP 方式进行通信。

④ 力控网桥：支持 GPRS/CDMA 等远程方式进行通信。

⑤ 设备地址：每个控制设备在总线、通信网络上都有一个唯一的地址，对于通过不同编址进行区分的物理设备，不同设备的编址方式一般不同，需要具体参阅力控驱动帮助。

⑥ 通信协议：是指通信双方的一种协商机制，双方对数据格式、同步方式、传送速度、传送步骤、检验纠错方式以及控制字符定义等问题做出统一规定，它属于 ISO/OSI 七层参考模型中的数据链路层，在力控 IO 驱动程序中，用户可以不关心通信协议内容即可以使用力控进行通信。

⑦ 数据包：在控制设备的通信协议中，数据需要批量传送，往往将相同特性的数据打到一个数据包中，通信过程中，往往要传送多个数据包，例如：工程人员要采集一台 PLC 中 1000 个 I/O 点，这些变量分属于不同类型的寄存器区，I/O 驱动将根据变量所属的寄存器区，将这 1000 个 I/O 点分成多个数据包。

（7）故障后恢复查询周期：对于多点共线的情况，如在同一 RS485/422 总线上连接多台物理设备时，如果有一台设备发生故障，驱动程序能够自动诊断并停止采集与该设备相关的数据，但会每隔一段时间尝试恢复与该设备的通信。间隔的时间即为该参数设置，时间单位为 s。

（8）故障后恢复查询最大时限：若驱动程序在一段时间之内一直不能恢复与设备的通信，则不再尝试恢复与设备通信，这一时间就是指最大时限的时间。

2. 串行通信配置

IO 设备驱动程序和控制设备进行通信时，通信发起方一般称为"主"，应答方一般称之为"从"，串行通信一般分为以下几种方式通信：单主单从（1∶1），单主多从（1∶N），多主多从（N∶N）等方式。在单主多从（1∶N）情况下，IO 驱动程序支持多种不同协议的设备在一条总线上通信。

对于串口通信方式类设备，单击设备配置向导第一步对话框中的"下一步"按钮，将弹出第二步对话框。如图 8-46 所示。

（1）串口：串行端口。可选择范围："COM1～COM256"。

（2）设置：单击该按钮，弹出"串口参数"对话框，可对所选串行端口设置串口参数，串口参数的设置一定要与所连接的 I/O 设备的串口参数一致。如图 8-47 所示。

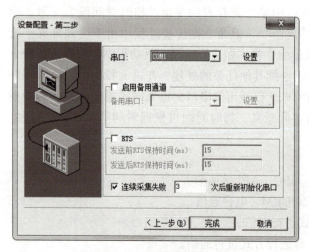

图 8-46　I/O 设备配置第二步

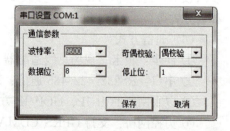

图 8-47　串口设置

（3）启用备用通道：选择该参数，将启用串口通道的冗余功能。力控的 I/O 驱动程序支持对串口通道的冗余功能。当串口通道发生故障时，如果选择了"启用备用通道"参数，I/O 驱动程序会自动打开备用串口通道进行数据采集，如果备用串口通道又发生故障，驱动程序会切换回原来的串口通道。

（4）启用备用通道/备用串口：备用通道的串行端口。可选择范围："COM1～COM256"。

（5）启用备用通道/设置：对所选备用串行端口设置串口参数。

（6）RTS：选择该参数，将启用对串口的 RTS 控制。

（7）RTS/发送前 RTS 保持时间：在向串行端口发送数据前，RTS 信号持续保持为高电平的时间，单位为 ms。

（8）RTS/发送后 RTS 保持时间：在向串行端口发送完数据后，RTS 信号持续保持为高电平的时间，单位为 ms。

（9）连续采集失败（）次后重新初始化串口：选择该参数后，当数据采集连续出现参数所设定的次数的失败后，驱动程序将对计算机串口进行重新初始化，包括：关闭串口和重新打开串口操作。如图 8-46 所示。

8.4.3　在线调试

1. 在线调试准备工作

（1）检查

上电调试前，先检查控制柜接线的完整性、牢固性。目测控制柜接线，看看是否有漏接、错接线；然后可以用手背触碰已接好的导线，看看是否松动、脱落。如果有上述问题，应立即修正。

8.4
在线调试

接着，使用万用表检查线路通路及短路情况。重点检查中性线 N 的通路和单相、三相短路情况。将用万用表挡位调至蜂鸣挡，在控制柜断电的情况下，使用万用表的一个表针接触控制柜右上角黑色中性线 N 的圆形插线孔，万用表的另外一个表针依次触碰 PLC、开关电源、交流接触器、射灯和线端子排的中性线 N 接线端，要能听到万用表蜂鸣器声音，确保中性线 N 通路。再使用万用表的蜂鸣挡依次检查下端子排，（L1，L2）、（L2，L3）、（L1，L3）、（L1，N）、（L2，N）和（L3，N）之间是否存在相间短路或单相短路。

在确保没有短路的情况下，顺时针选择红色急停按钮，合上断路器开关 QS，进行上电调式。合上断路器开关 QS 后，先观察控制柜上面 L1（黄色）、L2（绿色）、L3（红色）三个电源指示灯是正常点亮，同时观察 PLC、变频器和开关电源的指示灯是否正常点亮。如果某个指示灯没有点亮，应立即断开 QS 开关进行线路检查、修正。

（2）手动功能调试

在控制柜前面，旋转"手动模式/自动模式"旋钮开关，观察前面面板上"手动模式"和"自动模式"指示灯是否正常指示。接着，依次分别旋转"喷淋泵""生活泵 1""生活泵 2""污水泵""锅炉"的旋钮开关，观察相应的指示灯、电机泵叶转向和管路水流情况。

（3）下载 PLC 控制程序

断开控制柜 QS 开关，将 PC/PPI 数据线一端插在上位机电脑主机 COM1 端口，另外一端插在 PLC 左下端 Port 端口，旋紧固定螺丝。重新上电，合上控制柜 QS 电源开关，将 PLC 拨码开关打在"stop"位置，在电脑端下载给水排水控制程序，下载完成后，将 PLC 拨码开关打到"run"位置。

上述准备工作做好后，就可在上位机电脑上打开力控组态监控工程，进行在线调试。

2. 检测工作状态

（1）通过上位机检测"当前工作状态""生活泵 1""生活泵 2""喷淋泵""污水泵""锅炉"、污水箱的"高位"和"低位"的工作状态。

旋转控制柜前面板上"手动模式/自动模式"旋钮开关，观察组态界面上"手动模式""自动模式"文字以及指示灯颜色有没有发生变化。如图 8-48 所示。

图 8-48　工作状态指示灯

将"手动模式/自动模式"旋钮开关旋转到"手动模式"位置。

旋转控制柜前面板上"喷淋泵"旋钮开关，观察组态界面上喷淋泵对应"运行""停止"文字以及指示灯颜色有没有发生变化，同时观察实训台喷淋泵电机有没有转动，喷淋管路有没有水流动。

旋转控制柜前面板上"生活泵 1"旋钮开关，观察组态界面上生活泵 1 对应"工频运行""停止"文字以及指示灯颜色有没有发生变化，同时观察实训台生活泵 1 电机有没有转动，水龙头有没有出水。

旋转控制柜前面板上"生活泵 2"旋钮开关，观察组态界面上生活泵 2 对应"工频运行""停止"文字以及指示灯颜色有没有发生变化，同时观察实训台生活泵 2 电机有没有转动，水龙头有没有出水。

旋转控制柜前面板上"锅炉"旋钮开关，观察组态界面上锅炉对应"运行""停止"文字以及指示灯颜色有没有发生变化。

旋转控制柜前面板上"污水泵"旋钮开关，观察组态界面上锅炉对应"运行""停止"文字以及指示灯颜色有没有发生变化，同时观察实训台污水泵电机有没有转动，回水箱排水管有没有出水。

（2）通过上位机检测"信号蝶阀""压力开关""水流开关"的工作状态。如图 8-49 所示。

1）转动实训台上面"信号蝶阀"圆形手轮，观察组态界面上信号蝶阀对应的"开启"和"关闭"文字有没有发生变化。

2）将控制柜前面板上"喷淋泵"旋钮开关打到"运行位置"，喷淋管路末端球阀处于关闭状态，打开喷淋管路延时器通水测试球阀，给延时器充满水后，水流压力可以冲动压力开关，这时水力警铃响

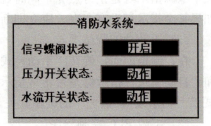

图 8-49　消防系统工作状态

起，观察组态界面上压力开关对应的"开启"和"关闭"文字有没有发生变化。

3）将控制柜前面板上"喷淋泵"旋钮开关打到"运行位置"，实训台上"信号蝶阀"旋转至开启位置，转动喷淋管路末端球阀，使球阀分别处于通断状态，观察组态界面上水流开关对应的"开启"和"关闭"文字有没有发生变化。

3. 控制 PLC 自动控制程序的启停

在上位机上通过"自动"和"停止"按钮控制 PLC 自动控制程序的启停。

（1）在组态界面用鼠标左键单击"自动"按钮，听一听控制柜后面有没有接触器吸合的声音，观察组态界面上生活泵 1 对应的"变频运行"文字有没有显示，指示灯颜色是否变成"绿色"。

（2）在组态界面用鼠标左键单击"停止"按钮，听一听控制柜后面有没有接触器断开的声音，观察组态界面上生活泵 1 对应的"停止"文字有没有显示，指示灯颜色是否变成"红色"。

4. 变频恒压供水控制

通过上位机修改和设定"供水管道压力设定值""比例系数""积分时间"，实现稳定的变频恒压供水控制。

在组态界面上将"比例系数""积分时间""微分时间"对应输入框里面数字分别设为"1""5""0"；将"供水管道压力设定值"对应输入框里面数字设为"60"，启动控制柜后面变频器，用鼠标左键单击"自动"按钮，进入变频恒压控制，观察组态界面上"压力测试值"对应的数字是否逐渐变化并靠近设定压力。用鼠标左键单击"停止"按钮，使自动运行停止。如图 8-50 所示。

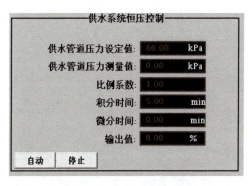

图 8-50　供水系统恒压控制

5. 设定定时时间

在上位机显示 PLC 当前时钟，并对 PLC 的时钟进行设定，实现锅炉定时启停调试过程。

在组态界面上时钟设定对应输入框设置任务书要求的时间点，鼠标左键点击"设置"按钮，观察组态界面上当前时钟有没有跟着变化，以及组态界面上锅炉对应的"运行""停止"文字和指示灯颜色有没有发生变化。如图 8-51 所示。

图 8-51　时钟设定

项目**9**

Chapter 09

建筑设备安装与调控（给排水）赛项解析

思维导图

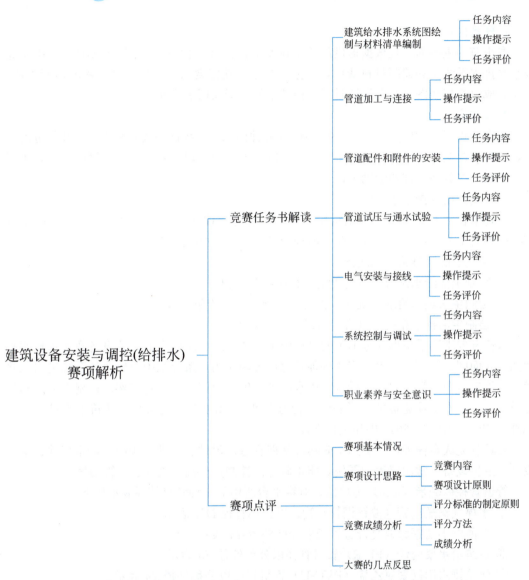

任务 9.1 建筑设备安装与调控（给排水）竞赛任务书解读

2019 年全国职业院校技能大赛建筑设备安装与调控（给排水）赛项任务书共有 7 项任务，下面结合往届国赛竞赛任务书及"实训装置"可开设实训项目对任务的具体内容、操作提示和任务评价，分别作出解读。本任务中所引用的图表编号除特殊说明外均指附录 2019 年竞赛任务书中的图表编号。

9.1.1　任务1.建筑给水排水系统图绘制与材料清单编制

1. 任务内容

本小节的主要内容是根据提供的给水排水立面图和平面图（附图1～附图3）手绘完成给水排水系统图和编制材料清单，根据系统控制功能要求、端口定义表和电器元件图，手绘完成电气接线图。赛题设计时可选择其中的若干项用于比赛。

2. 操作提示

竞赛规程规定"任务1"必须在开赛20分钟内完成，提前完成不得进行后续任务的操作，超时不提交按缺交处理。做得快的选手应合理运用好剩余时间，可对材料和工具进行清点或做一些其他允许的辅助工作。

（1）绘制给水排水系统图

竞赛平台"THPWSD-1A型给排水设备安装与调控实训装置"给水排水系统图绘制实训内容有下列4项（赛题设计时一般选择其中2～4项用于比赛）：

① 绘制消防喷淋给水系统图。

② 绘制生活给水系统图（含卫浴综合系统升级包）。

③ 绘制生活热水给水系统图（含卫浴综合系统升级包）。

④ 绘制生活排水系统图（含卫浴综合系统升级包）。

该任务要求选手根据任务书中的设计施工要求，结合所提供的相关设备及给水排水平面图、立面图、剖面图，手绘完成各种管道系统轴测图。系统图中应标明各系统进出水管编号、管道走向、管径、卫生设备、用水设备、仪表及阀门、固定支架、控制点标高和管道坡度（注：本赛项竞赛平台不需标注管道坡度），图纸绘制应符合《建筑给水排水制图标准》GB/T 50106—2010中相关标准规定。

要顺利完成本任务，参赛选手应熟练掌握管道、附件、管件、阀门、给水配件、消防设施、卫生设备、常用仪表的图例，能正确标注控制点标高、管径、立管编号。

管道管径以毫米（mm）为单位，竞赛平台所用的4种管材管径表示如下：

① 水煤气输送钢管（镀锌钢管）管径以公称直径 DN 表示。

② 超薄壁不锈钢塑料复合管管径以公称外径 dn 表示。

③ 建筑给水聚丙烯（PP-R）管材管径以公称外径 dn 表示。

④ 建筑排水用硬聚氯乙烯（PVC-U）管材管径以公称外径 dn 表示。

管径也可以均采用公称直径 DN 表示，这时应在图中附公称直径 DN 与相应产品规格对照表。习惯上，镀锌钢管用 DN 表示、不锈钢塑料复合管用 dn 表示、PP-R 管用 de 表示，PVC-U 管用 De 表示，以示区别。

（2）编制材料清单

"实训装置"材料清单实训内容有下列7项，赛题设计时一般选择其中2～4项用于比赛。

① 编制生活水泵出水口至水龙头、淋浴器之间管路（含卫浴综合系统升级包）的材料清单。

② 编制水流指示器至末端试水阀之间管路的材料清单。

③ 编制消防报警管路延迟器出水管路的材料清单。

④ 编制消防报警管路延迟器排水管路的材料清单。

⑤ 编制气压罐至湿式报警阀之间管路的材料清单。

⑥ 编制热水管路（含卫浴综合系统升级包）的材料清单。

⑦ 编制排水管路（含卫浴综合系统升级包）的材料清单。

本考点容易失分的地方为漏写、错算。要顺利完成本任务，选手应具备识图能力，熟悉各种图例及管材、管件规格。为了不漏写，编制清单时可按系统管道的走向从开始到末端遇一个（管道、管件、设备等）算一个。在计算管材长度时应注意标高的变化，有些参赛选手不详细阅读任务书，忽视给水排水平、立面图中标高及其他尺寸的变化，造成计算错误。标高变化如图 9-1 所示。

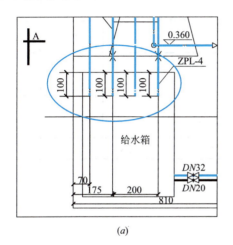 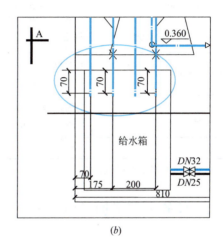

（a）　　　　　　　　　　　*（b）*

图 9-1　标高的变化

（a）样题中的标高；（b）正式赛卷中的标高

（3）绘制电气接线图

本考点在以往的国赛和部分省市的技能大赛中出现过，各学校可将此部分作为选学内容。该任务要求选手根据系统（水表抄表系统、消防喷淋灭火控制系统和生活给水变频控制系统）控制功能要求、端口定义表和电器元件图，手绘完成某一系统的电气接线图。

各电气系统的控制功能要求主要有：

① 水表抄表系统能计量生活给水管道的用水量。

② 消防喷淋灭火控制系统能实现喷淋泵的手/自动切换和手动启停控制，能检测喷淋泵的运行状态，能检测信号蝶阀、水流指示器和压力开关的工作状态，要有热过载保护。

③ 生活给水变频控制系统能实现变频泵的手/自动切换和手动启停控制，能检测总管的工作压力，自动状态下能实现变频和工频切换控制，要有热过载保护。

④ 锅炉控制系统能实现锅炉的手/自动切换和手动启停控制，能检测锅炉的工作状态，自动状态下能实现锅炉的启停控制。

⑤ 排水控制系统能实现排水泵的手/自动切换和手动启停控制，能检测排水泵的工作

状态，自动状态下能实现排水泵的启停控制、检测液位高、液位低信号。

补充完成的电气接线图上必须标注号码管编号，标号可以自行定义。

考虑到接线图正确与否关系到后续设备的电气安装与接线、控制程序设计与调试，因此在比赛中选手完成并提交"任务1"试卷后，可发放正确的电气接线图供选手现场进行电气接线操作。

3. 任务评价

建筑设备安装与调控（给排水）赛项"任务1"完成的评价，见表9-1。

任务1. 建筑给水排水系统图绘制与材料清单编制（共12分）   表9-1

重点检查内容	评分标准	分值	得分
消防喷淋给水系统图	1. 系统图绘制正确得满分； 2. 系统图方向、系统图管径、标高、立管编号、图例错误每处扣0.5分	4.0	
生活给水至洗手盆系统图		4.0	
2份材料清单	1. 材料清单准确、字迹清楚、工整得满分； 2. 错一项扣0.2分	4.0 （各2.0）	
电气接线图*	1. 每绘错一处扣0.5分； 2. 线号漏标、错标每处扣0.2分		
		小计：12	

注：2019年国赛无"＊"项内容。

9.1.2   任务2. 管道加工与连接

1. 任务内容

按管材的不同进行分类，管道加工与连接主要有：

① 不锈钢复合管，采用卡套式连接。

② 镀锌钢管，采用螺纹连接。

③ PP-R管，采用热熔连接。

④ PVC-U管，采用粘结方式连接。

管道加工与连接工作量大、耗时多，赛题设计时可根据竞赛时间选择其中若干管路的加工与连接用于比赛。

2. 操作提示

（1）不锈钢复合管的加工与连接

不锈钢复合管采用卡套式连接。试压泄漏的主要原因有：钢管没有插到底、螺母没有拧紧、不锈钢复合管不圆整等。因此，要顺利完成本任务，选手需注意以下几点：

① 不锈钢复合管切割后的端口无毛刺，端面要与轴线垂直。

② 把螺母和卡套套在不锈钢复合管上要注意螺母和卡套的方向，不要装反了。

③ 不锈钢复合管一定要插到卡套接头体底部，用手旋紧螺母直至卡套卡住钢管，达到压力点后，再用扳手将螺母拧紧1/2圈。

此外，选手还应仔细阅读任务书，不用做的任务无需多做。如主设备上也有淋浴水龙头的安装，"实训装置"升级后，主设备上淋浴水龙头的安装任务模块移到卫浴综合系统平台。因此此处无需预留三通。

（2）镀锌钢管的加工与连接

镀锌钢管采用螺纹连接。该项任务分值占比大，技术难点多，同时也最耗体力。因此，要顺利完成本任务，选手需注意以下几点：

① 熟练掌握计算法和比量法，正确量取尺寸并下料。针对以往比赛中个别选手套丝长度短，管子拧入管件的螺纹深度（有效螺纹长度）不符合规定，2019 年国赛特别强调了工艺评分，对管接头进行抽样检查。

② 能正确及熟练使用铰板套丝，每次比赛使用的全是新工具，新铰板开牙时不容易上手，选手应掌握一定的应对技巧。

③ 生料带缠绕要适量，过少试压会渗漏，过多则外露部分清理量大。

④ 注意活接头安装的方向、下垂型和直立型喷头及其对应的三通安装方向。

⑤ 合理分配体力。

（3）PP-R 管的加工与连接

PP-R 管采用热熔连接。要顺利完成本任务，选手需严格按照 PP-R 管道热熔焊接工艺要求控制热熔焊过程中的工艺参数，尤其是热熔时间、焊接压力、切换时间、冷却时间等。

热熔焊缝的外观质量是 PP-R 管施工工艺最主要的质量指标，要求焊缝连续均匀、无气孔、其翻边（凸缘）宽度和高度适中。

PP-R 管的加工与连接需要注意以下几点：

① PP-R 管的切口平整、垂直、无毛边，管材和管件洁净、干燥。

② 严格控制加热时间，过短则焊接不牢易产生泄漏，过长则会形成较大的翻边，翻边宽度、高度不符合工艺要求。

③ 应准确把持管件的方向，如同心度偏差过大或管件偏转，在安装整段管路系统时要硬性扳正，这样会使管道系统长时间承受较大应力，易导致熔焊位置产生泄漏。

④ 选择有良好温控系统的热熔焊机，能精确控制温度；在教学和训练中应注意模头的保养。模头特氟龙涂层用久了之后会磨损，应及时更换模头。

（4）PVC-U 管的加工与连接

PVC-U 管采用粘结方式连接。要顺利完成本任务，选手需注意以下几点：

① PVC-U 管的切割可采用锯割，锯割时端面要与轴线垂直，锯割后端口需修毛刺。

② 在 PVC-U 管上要用记号笔做出承插深度标记，承插时 PVC-U 管一定要插到管件承口的底部，且刚好能看到承插标记。

③ PVC-U 管材和管件的粘合面有油污、灰尘、水渍或表面潮湿等，都会影响到粘结强度和密封性能，因此粘结前必须进行检查。并用软纸、细棉布或棉纱擦净，必要时须用棉纱蘸酒精或丙酮揩擦干净。然后再均匀涂抹胶水，最后将管端插入管件承口。若粘结质量不好，在粘结处易产生泄漏。

3. 任务评价

建筑设备安装与调控（给排水）赛项"任务 2"完成的评价，见表 9-2。

任务 2. 管道加工与连接（共 38 分） 表 9-2

重点检查内容	评分标准	分值	得分
生活水泵出水口至洗脸盆水龙头、卫浴系统混合淋浴水龙头之间管路的加工和安装	1. 安装牢固完整得 3 分； 2. 横平竖直各得 1 分； 3. 否则不得分	6.0 （安装 4 分）	
给水支管与延时自闭冲洗阀之间管路的加工和安装		5.0	
消防报警管路延迟器排水管路的加工和安装	1. 安装牢固完整得 3 分； 2. 横平竖直各得 0.5 分； 3. 外露丝扣 1～2 得 1 分； 4. 生料带清理干净得 1 分； 5. 否则不得分	6.0	
水流指示器至末端试水阀之间管路的加工和安装		6.0	
消防报警管路延迟器出水管路的加工和安装*			
气压罐至湿式报警阀之间管路的加工和安装*			
洗脸盆、排水立管至污水箱排水系统的加工和安装	1. 安装牢固完整得 2 分； 2. 横平竖直各得 0.5 分； 3. 否则不得分	3 分	
地漏、排水立管至污水箱排水系统的加工和安装		3 分	
整个热水锅炉出水至洗脸盆水龙头、卫浴系统混合淋浴水龙头之间管路的加工和安装；采用橡塑海绵对洗脸盆角阀到混合淋浴水龙头之间部分进行保温材料敷设	1. 安装牢固完整得 2 分； 2. 横平竖直各得 0.5 分； 3. 接头平滑得 1 分； 4. 保温完整得 1 分； 5. 外缠胶带均匀得 1 分； 6. 否则不得分	6.0 （安装 4 分 保温 2 分）	
完成附图 4 中冷水及热水管管道的安装；采用 PP-R 管，热熔连接	1. 安装牢固完整得 0.5 分； 2. 横平竖直各得 0.25 分； 3. 接头平滑得 0.5 分； 4. 否则不得分	3 分 （每个系统 1.5 分）	
	小计：	38	

注：2019 年国赛无"＊"项内容。

9.1.3　任务 3. 管道配件和附件的安装

1. 任务内容

根据"任务 2"完成各系统相应管路附件、阀件的安装。

配件和设备的安装应符合《建筑给水排水及采暖工程施工质量验收规范》GB 50242—2002 等相关规范规定或竞赛文件中的指定要求。

2. 操作提示

"实训装置"各系统管路附件、阀件较多，选手应养成阅读产品说明书习惯，掌握安装要求，掌握相配套的专用工具使用方法，做到位置正确、安装牢固、附件齐全、质量合格。安装时要特殊注意以下几点：

① 所有附件、阀件的安装位置、尺寸、标高符合设计要求。

② 所有有方向性要求的附件、阀件安装方向应与水流方向一致，如止回阀、截止阀、水表等；阀柄、检查口的朝向应便于检修。

③ 胶垫密封的螺纹连接无须再缠生料带。其他地方的螺纹连接要求同管道，外露 1～2 丝扣，生料带清理干净。

3. 任务评价

建筑设备安装与调控（给排水）赛项"任务 3"完成的评价，见表 9-3。

任务 3. 管道配件和附件的安装（共 10 分）　　　　　　　　　　　　　　表 9-3

重点检查内容	评分标准	分值	得分
生活水泵出水口至洗脸盆水龙头、卫浴系统混合淋浴水龙头之间管路的加工和安装	1. 配件与附件和设备安装位置、尺寸、标高符合设计要求； 2. 附件安装整齐、一致； 3. 不正确每处扣 0.5 分	2	
给水支管与延时自闭冲洗阀之间管路的加工和安装	1. 配件与附件和设备安装位置、尺寸、标高符合设计要求； 2. 附件安装整齐、一致； 3. 不正确每处扣 0.5 分	2	
警管路延迟器下侧管路的部分加工和安装	1. 配件与附件和设备安装位置、尺寸、标高符合设计要求； 2. 附件安装整齐、一致； 3. 不正确每处扣 0.5 分	2	
水流指示器至末端试水阀之间部分管路的加工和安装	1. 配件与附件和设备安装位置、尺寸、标高符合设计要求； 2. 附件安装整齐、一致； 3. 不正确每处扣 0.5 分	1	
洗脸盆、排水立管至污水箱排水系统的加工和安装；地漏、排水立管至污水箱排水系统的加工和安装	1. 配件与附件和设备安装位置、尺寸、标高符合设计要求； 2. 附件安装整齐、一致； 3. 不正确每处扣 0.5 分	1	
整个热水锅炉出水至洗脸盆水龙头、卫浴系统混合淋浴水龙头之间管路的加工和安装；采用橡塑海绵对洗脸盆角阀到混合淋浴水龙头之间部分进行保温材料敷设	1. 配件与附件和设备安装位置、尺寸、标高符合设计要求； 2. 附件安装整齐、一致； 3. 不正确每处扣 0.5 分	2	
	小计：	10	

9.1.4　任务 4. 管道试压与通水试验

1. 任务内容

"实训装置"任何一个独立的压力管道系统都可进行水压试验，重力流管道系统可进行通水试验。赛题设计时可根据通水调试所需管路的情况选择其中若干管路进行试压和通水试验。下面的①～④项为 2019 年竞赛任务书中的工作任务。

① 生活给水系统工作压力为 0.4MPa，完成生活给水系统（冷水）的水压试验，填写附表 3。

② 附图 4（升级包）给水（冷水）系统工作压力为 0.4MPa，完成给水（冷水）系统的水压试验，填写附表 3。

③ 消防给水系统试验压力为 1.0MPa，完成消防给水系统的水压试验，填写附表 3。

④ 完成主设备装置上的排水管道系统通水试验，填写附表 2。

⑤ 生活热水系统工作压力为 0.4MPa，完成生活热水系统的水压试验，填写附表 3。

⑥ 附图 4（升级包）给水（热水）系统工作压力为 0.4MPa，完成给水（热水）系统的水压试验，填写附表 3。

⑦ 完成升级包上的排水管道系统通水试验，填写附表 2。

试压应符合相关规范规定或竞赛文件中的指定要求。

注意：以上试验压力以加压泵上压力表为准，①和③水压试验都合格后方可进行系统调控操作。

2. 操作提示

① 熟悉管道试压和通水试验的检验标准。

② 水压试验时应先排净空气，充满水后进行加压。如果空气排不干净，则压力不易保住，易被裁判判为不合格。

③ 系统满水后检查管路有无渗漏现象，如有渗漏，加压前应紧固。然后对系统逐步升压至设计要求的试验压力后，稳压观察，直至合格。如有渗漏现象，在渗漏部位做好标记，卸压后再处理。

④ 试压合格后及时通知裁判签字验收。

3. 任务评价

建筑设备安装与调控（给排水）赛项"任务 4"完成的评价，见表 9-4。

任务 4. 管道试压与通水试验（共 12 分）　　　　　　表 9-4

重点检查内容	评分标准	分值	得分
生活给水系统水压试验	1.生活给水系统试压满足规范要求得 3 分； 2.填写记录表得 1 分； 3.水压试验不合格不得分	4	
消防给水系统水压试验	1.消防给水系统试压满足规范要求得 3 分； 2.填写记录表得 1 分； 3.水压试验不合格不得分	4	
附图 4 中冷水管道系统水压试验	1.冷水系统试压满足规范要求得 1.5 分； 2.填写记录表得 0.5 分； 3.水压试验不合格不得分	2	
排水管路系统通水试验	1.通水试验不渗漏得 1.5 分； 2.填写记录表得 0.5 分； 3.通水试验不合格不得分	2	
小计：		12	

9.1.5　任务 5. 电气安装与接线

1. 任务内容

根据赛场提供的电气原理图补充完整消防喷淋灭火控制、生活给水变频恒压控制、热水给水控制、排水控制系统部分线路的电气接线。

电气接线除应符合相关规范规定外，还必须满足如下要求：

① 连接接线端须使用管型端子（线鼻）可靠压接或搪锡。

② 接线端子必须套有号码管，号码用记号笔手写。

③ 电源线续接处应用热缩管、套管等工艺用料进行保护。

④ 走线应美观。

⑤ 端子排编号参照附表 1。

2. 操作提示

2019 年竞赛任务为补线，往届比赛任务也有全部接线的情况，参赛选手平时都应熟练掌握。无论是全部接线还是补线，选手应注意几下几点：

① 出于安全的要求，大赛一般提供标准电路图供选手接线用，选手应仔细阅读相关图纸并按图施工，而不是按自己绘制的电路图施工。

② 选手应熟练使用万用表进行故障排查，如用万用表区分火线和零线、查找电缆线的断点、检查线路通断、判断电容的好坏、判断泵（电动机）的好坏等。

③ 分清接地、接零及相线的相序。保护地线（PE 线）是黄绿双色线，零线用淡蓝色；相线 L1 黄色，L2 绿色，L3 红色。泵的转向与相序有关，当泵反转时，应及时调整相线的相序。

④ 分清常开触点和常闭触点，必要时可使用万用表蜂鸣挡来判断。

⑤ 接地线与 PE 排连接可靠。PE 排应与电源地线直接连接；电气柜电器部件须接地的部分，应与 PE 排连接。

⑥ 所有接线应整齐、美观，导线线芯及绝缘无损伤；接线端子压接规范，在接线完毕后，拉下导线，确保接线牢固可靠，不易脱落；线号书写方向正确、字迹清晰。

⑦ 敷线完成后，槽盒盖板应复位，盖板应齐全、平整、牢固。裁判评判时会拆下盖板观察检查导线在槽盒内留有一定余量、导线应按回路分段绑扎等项目。

3. 任务评价

建筑设备安装与调控（给排水）赛项"任务 5"完成的评价，见表 9-5。

任务 5. 电气安装与接线（共 10 分）　　　　　　　　　　表 9-5

重点检查内容		评分标准	分值	得分
功能 （5分）	继电器控制电路	1. 功能实现的满分； 2. 每接错一处扣 0.2 分，直到各分项分值扣完为止	2	
	PLC 控制电路		1	
	PLC 检测电路		2	
工艺 （5分）	布线与接线工艺	1. 线路插针压接或焊接质量可靠、规范的满分； 2. 否则不得分	2.5	
		1. 号码管标注正确规范的满分； 2. 每缺少一个扣 0.2 分，扣完为止	2.5	
小计：			10	

9.1.6　任务 6. 系统控制与调试

1. 任务内容

"任务 6"分为三个部分，一是给水排水 PLC 控制程序调试，二是组态监控系统调试，三是故障查找与排除。

（1）给水排水 PLC 控制程序调试

该任务的赛题设计思路有两种，一是选手完整编程，二是赛场提供部分给水排水 PLC 控制程序，程序中有若干错误和不完整之处，选手将错误查找出来并补充完整程序。两种思路的赛题最终都要实现正常的控制功能。2019 年竞赛任务为后一种。

通过编程或补程序，实现的控制功能要求有：

① 喷淋灭火系统控制程序调试。在自动状态下，当水流指示器和压力开关同时动作时能启动喷淋泵，并停掉生活水泵和排水泵，喷淋泵启动后只能通过程序中的总启停位进行停止，不能通过断开水流指示器或压力开关信号控制停止。

② 生活给水控制程序调试。程序能实现多时段不同需求压力控制水泵运行。

③ 自动抄表系统程序调试。程序能实现对水表脉冲的读取和累计，并实现用水量和用水费用的计算。

④ 喷淋灭火系统控制程序调试。在自动状态下，当压力开关动作时能启动喷淋泵，并停掉生活水泵和排水泵，喷淋泵启动后只能通过程序中的总启停位进行停止，不能通过断开压力开关信号控制停止。

⑤ 排水系统控制程序调试。在自动状态下，排水控制程序实现定时启动排水泵。定时时间外，检测水位高位报警，则排水泵启动；检测水位为低位，则停止排水泵排水。

（2）组态监控系统调试

赛场提供的给水排水组态监控软件工程已做好系统监控画面，但无脚本程序和动作设置，工程中有若干错误和不完整之处，要求选手利用提供的力控组态软件进一步进行组态调试，实现以下功能：

① 通过上位机能检测"当前工作状态""生活泵 1""生活泵 2""喷淋泵""污水泵""锅炉"、污水箱的"高位"和"低位"的工作状态。

② 通过上位机能检测"信号蝶阀""压力开关""水流开关"的工作状态。

③ 通过上位机能检测"供水管道压力""水表数据"，其中"供水管道压力"要能通过曲线反映出来。

④ 在上位机上能通过"自动"和"停止"按钮控制 PLC 自动控制程序的启停。

⑤ 通过上位机能修改和设定"供水管道压力设定值""比例系数""积分时间"，并实现稳定的变频恒压供水控制。

⑥ 通过上位机能修改和设定"时段控制时间"和"时段需求压力"。

（3）故障查找与排除

控制系统中设置有若干个故障，选手在调试过程中分析故障所在的位置、现象及排除方法，将其填写到附表 4。

2. 操作提示

（1）上电前检查的注意事项

上电调试必须在管路系统水压试验和通水试验合格后且裁判同意下进行，上电调试前，应检查接线的完整性、牢固性、正确性。目测控制柜接线，看看是否有漏接、错接线；可以用手背触碰已接好的导线，看看是否松动、脱落；使用万用表检查线路通路及短路情况，重点检查中性线 N 的通路和单相、三相短路情况。如果有上述问题，应立即修正。同时应判断上述问题是自己接线的问题还是赛题设置的故障，如果是故障应及时填写故障表。一些隐性的接线故障还需结合 PLC 程序调试和组态调试来查找与排除。

（2）给水排水 PLC 控制程序调试和组态监控系统调试注意事项

① 检查接线、核对地址。要逐点进行，要确保正确无误。

② 检查模拟量输入输出，看输入输出模块是否正确，工作是否正常。

③ 指示灯是反映系统工作的"一面镜子"，先调好它，将对进一步调试提供方便。

④ 先检查手动动作及手动控制逻辑关系，调试时可一步步推进。直至完成整个控制周期。最后可进一步调试自动工作。要多观察几个工作循环，以确保系统能正确无误地连续工作。

⑤ 如果出现异常情况，应先停机，然后从硬故障和软故障两个方面去排查。PLC 是极其可靠的设备，出故障率很低，因此查找电气故障点，重点要放在 PLC 的外围电器元件上。PLC 通信错误，一般先检查 PLC 的通信参数配置是否正确，如串口号、波特率等，检查编程电缆的 DIP 开关设置是否与 STEP 7-Micor/Win 的通信速率设置相同。通信参数没有问题的话，那就要坚持物理的通信线缆是否正常。

（3）程序保存

程序的文件名需严格按任务书的要求进行命名，且存储路径要正确。如存储路径不正确或文件名不符则按无此文件处理。

3. 任务评价

建筑设备安装与调控（给排水）赛项"任务 6"完成的评价，见表 9-6。

任务 6. 系统控制与调试（共 13 分）　　　　　　　　　　表 9-6

重点检查内容		评分标准	分值	得分
功能 （13 分）	喷淋灭火系统控制程序调试	1. 能按要求启动喷淋泵得 0.5 分； 2. 能通过关联停止生活泵得 0.5 分	1.0	
	生活给水控制程序调试	1. 能满足题目中的功能要求； 2. 否则不得分	1.0	
	排水控制程序调试	1. 能满足题目中的功能要求； 2. 否则不得分	1.0	
	通过上位机能检测"当前工作状态""生活泵 1""生活泵 2""喷淋泵""污水泵""锅炉""信号蝶阀""压力开关""水流开关"污水箱的"高位"和"低位"的工作状态	1. 功能全部实现得 1.0 分； 2. 每错一处扣 0.2 分，扣完为止	1.0	
	通过上位机能检测"供水管道压力""水表数据"，其中"供水管道压力"要能通过曲线反映出来	1. 功能全部实现得 1.0 分； 2. 每错一处扣 0.2 分，扣完为止	1.0	
	在上位机上能通过"自动"和"停止"按钮控制 PLC 自动控制程序的启停	1. 功能全部实现得 0.5 分； 2. 否则不得分	0.5	

续表

重点检查内容		评分标准	分值	得分
功能 （13分）	上位机上能通过输入数值改变定时时间	1. 功能全部实现得 1.0 分； 2. 否则不得分	1.0	
	故障查找与排除	1. 正确分析与排除共 4.8 分，每项 0.8 分； 2. 分析表共 1.2 分，每项 0.2 分； 3. 否则不得分	6.0	
	程序保存	1. 程序保存记录完整得 0.5 分； 2. 每缺少 1 个扣 0.3 分，扣完为止	0.5	
小计：			13	

9.1.7　任务 7.职业素养与安全意识

1. 任务内容

本任务综合考核选手施工应符合安全操作规程，工具摆放、材料处理应符合职业岗位的要求，团队合作精神是否得到充分体现，是否尊重裁判和工作人员及文明施工等。

2. 操作提示

职业素养是从业者在职业活动中表现出来的综合品质，是从业者按职业岗位内在规范和要求养成的作风和行为习惯。安全意识是指从业者内化于心的安全知识、安全生产能力和安全行为习惯。职业素养和安全意识必须通过后天训练和职业实践逐步获得，各职业学校应把"工匠精神和安全教育"作为学生进入职业学校的第一课。

该项任务实际上贯穿整个比赛过程，在比赛过程应做到工具、设备完好无损，现场清理达到"工完、料净、场地清"的要求。此外选手还应熟悉赛场的各项具体要求，并注意以下几点：

①严格遵守安全操作规程，特别要注意保持设备接地线的正常连接，只有在水压试验全部合格后方可通电调试。

②工具、材料等按要求摆放，保持工位整洁，在比赛临近结束时应及时打扫清理。

③充分体现团队合作，选手角色要有队长和队员之分，选手之间要有相互交流，操作时既要有分工又要有合作。

3. 任务评价

建筑设备安装与调控（给排水）赛项"任务 7"完成的评价，见表 9-7。

任务 7.职业素养与安全意识（共 5 分）　　　　　　　　　　　　　表 9-7

重点检查内容	评分标准	分值	得分
现场操作安全保护应符合安全操作规程	1. 没戴安全帽，扣 0.5 分； 2. 试压、通电没有向裁判报告及身体发生刮伤扣 0.5 分	1	

续表

重点检查内容	评分标准	分值	得分
工具摆放、包装物品、导线线头、废弃管材等的处理应符合职业岗位的要求	1. 不用工具应放回工具箱，发现工具放在地上一次扣 0.5 分； 2. 安装完毕，线头、废弃管应分类摆放整齐，否则扣 0.5 分	1	
应有分工与合作，配合紧密	没有任何合作的不得分	1	
遵守赛场纪律，尊重赛场工作人员，爱惜赛场的设备和器材，保持工位的整洁	1. 不尊重裁判、工作人员扣 0.5 分； 2. 有损坏赛场设备一次扣 0.5 分； 3. 安装完毕后，应清扫场地，否则扣 1 分； 4. 违反大赛纪律，本项目不得分	2	
小计：		5	

任务 9.2　建筑设备安装与调控（给排水）赛项点评

组织开展"建筑设备安装与调控（给排水）"技能竞赛是加强技能人才培养选拔、促进优秀技能人才脱颖而出的重要途径，是弘扬工匠精神、培育大国工匠的重要手段。竞赛目的是要为全国中职学校学生搭建一个公平公正、切磋技艺、展示技能的平台，培养一批优秀的高技能人才，为进一步营造劳动光荣的社会风尚和精益求精的敬业风气，引导和带动广大学生钻研技术、苦练技能、走技能成才之路。

建筑给水排水是一项非常复杂的系统性工程，人们除了对建筑的安全性、耐久性和经济性有一定的要求，同时对建筑的舒适性、实用性的要求也格外重视，行业企业需要大量具有一定相关专业知识为背景的复合型技术人才。通过举办该赛项，不仅可以检验中职学校职业教育教学成果，还可引导全国中职学校给水排水工程相关专业的建设，推动中职学校"给排水工程施工与运行""建筑设备安装"等专业综合实训教学改革的发展方向，促进工学结合人才培养模式的改革与创新，增强了中职学生的就业能力，满足岗位需求，有利于解决生活和生产中各种给水排水设备的安装、调试、运行维护、维修、技术改造等需求。

9.2.1　赛项基本情况

"建筑设备安装与调控（给排水）"赛项是全国职业院校技能大赛中职组常设赛项，截至 2020 年已成功举办五届，形成了校、省（市）、国家的三级竞赛体系，很好地推进了教学改革，推动了产教融合、校企合作，大赛成效获得了社会的高度认可。

9.1
2019年
大赛集锦

2019 年本赛项共有来自全国 26 个省市 59 所职业院校 118 名选手参赛。参赛队的分布情况见表 9-8，比赛现场如图 9-2 所示。

2019 年"建筑设备安装与调控（给排水）"赛项参赛队分布统计　　　　表 9-8

地区	华北	东北	华东	华中	华南	西南	西北
参赛队数	4	3	30	4	8	6	4

注：华东地区含青岛、宁波和厦门三个计划单列市的 7 支参赛队。

图 9-2　2019 年"建筑设备安装与调控（给排水）"赛项比赛现场

本赛项坚持命题设计公开、赛程设计公正、评判设计公平，赛项组织运行高效，在赛后选手、指导教师的赛项测评中满意度高。

9.2.2　赛项设计思路

"建筑设备安装与调控（给排水）"赛项归属土木水利大类给排水工程施工与运行、建筑设备安装、楼宇智能化设备安装与运行等相关专业，竞赛为团体赛，2 名选手为一队，选手在规定时间内完成规定的竞赛任务。

1. 竞赛内容

竞赛内容包括：建筑给水排水系统图绘制与材料清单编制、各种管材的加工与连接、管道配件和附件的安装、管道试压与通水试验、电气安装与接线、系统控制与调试、综合素质等七项。

竞赛内容根据中等职业学校的教学标准，并且借鉴世界技能大赛的管道安装特点，将建筑内部中的生活给水系统、消防给水系统、热水给水系统、排水系统、给水排水自动控制系统等相关技术技能进行深度融合，考核参赛选手掌握给水排水设备安装与控制的综合能力，如管材切割与连接、管道安装、设备安装、电气安装、设备接线、编程控制、故障排查等；涵盖了建筑给水排水工程、给水排水管道工程、建筑电气、给水排水自动控制核心课程内容。

2. 赛项设计原则

① "建筑设备安装与调控（给排水）" 赛项设置与专业和产业对接，对接相关职业岗位或岗位群、人才需求量大、职业院校开设专业点多。

② 竞赛内容对接专业课程内容和职业标准，体现专业核心能力与核心知识、涵盖丰富的专业知识与专业技能点，全面考核学生在建筑给水排水、建筑电气安装、自动控制等方面的工程实践能力，检验学生分析问题、解决问题能力，以及团队协作、安全意识、心理素质等职业素养。

③ 竞赛平台成熟。本赛项已成功举办五届，竞赛平台已经在全国 26 个省市百余所职业院校得到应用，基于竞赛平台建成一批高水平现代化的实验实训基地，使技能竞赛与实训教学相融合，引领专业建设和课程改革。

9.2.3　竞赛成绩分析

1. 评分标准的制定原则

按照给水排水设备安装与运行职业岗位的能力要求，结合建筑给水排水、建筑电气相关标准、规范要求进行评分，全面评价参赛选手职业能力的要求，本着 "科学严谨、公正公平、可操作性强" 的原则制定评分标准。赛项总成绩满分评价为 100 分，其中客观评价为 95 分，主观评价 5 分。

9.2
2019年
大赛专家
点评

2. 评分方法

按照比赛流程对所有参赛队伍（选手）进行二次加密，现场裁判对检测数据、操作行为进行记录，不予以评判；评分裁判员对现场裁判的记录、设计的参数、程序、产品质量进行流水线评判。赛项裁判组本着 "公平、公正、公开、科学、规范、透明、无异议" 的原则通过多方面进行综合评价，最终按总分得分高低，成绩经工作人员统计，组委会、裁判组、仲裁组分别核准后，闭赛式上公布。

3. 成绩分析

根据《全国职业院校技能大赛奖惩办法》，设团体一、二、三等奖。以实际参赛队总数为基数，一、二、三等奖获奖比例分别为 10%、20%、30%（小数点后四舍五入）。获得一等奖的参赛队的指导教师获 "优秀指导教师奖"。

本届比赛获得一等奖参赛队得分分布在 80～100 分之间，二等奖参赛队得分分布在 70～80 分之间，三等奖参赛队得分分布在 50～70 分之间。成绩分布曲线符合统计学上的正态分布，如图 9-3 所示，反映了赛题设计的规范性和合理性，且难度适中。

2019 年 "建筑设备安装与调控（给排水）" 赛项各项任务完成情况分析见表9-9。

图 9-3　2019 年"建筑设备安装与调控（给排水）"赛项竞赛成绩分布

各项任务分成情况分析　　　　　　　　　　　　　　　　　　　　　表 9-9

任务	最高分	最低分	平均分	分　析
绘图与材料清单编制(12分)	11.4	0.7	8.5	大部分选手识图能力强，能够快速看懂并能通过平、立面图绘制出系统图，准确编制材料清单。绘图与材料清单编制差异大，反应个别选手识图能力差
管材的加工与连接(38分)	33.5	8	24.8	大部分选手能完成四个系统的管道连接，失分较多的选手反映出对比赛平台不熟悉，对工具的使用不熟练，操作不规范，训练不充分，各系统安装时间、体力分配不合理
管道配件和附件的安装(10分)	10	3	8.2	该项成绩与"任务 2"有关联，系统连接好后，配件和附件的安装基本上没有问题。但也存在个别选手操作能力差，配件和附件来不及安装或安装不符合规范的情况
管道试压与通水试验(12分)	12	0	6.4	该项成绩与"任务 2、任务 3"有关联，完全得满分的选手不多。有一半选手未能全部完成试压和通水试验，有的选手压力打不上或不能保持，这些都和管道加工连接质量密切相关
电气安装与接线(10分)	10	0	2.9	本次竞赛电气方面的故障设置多为断路型故障，部分选手故障点分析能力差，极个别不看任务书，不按要求完成
系统控制与调试(13分)	11.7	0	1.8	该项任务总体完成情况不好，主要原因是水压试验未完成，不能通电
综合素质(5分)	5	4	4.7	该项成绩其本都能拿满。少数几个队有明显的卫生没有及时打扫、工具摆放不到位，这也反映出选手的临场应变能力还需提高

任务完成好的参赛队主要表现在以下几个方面：

① 理论知识扎实，解决工程实际问题能力强。

② 训练有素，严格按照施工程序、按照规范要求进行安装与调试。

③ 工具使用合理、规范，施工操作规范。

④ 现场工具、材料等摆放有序，职业素养与安全意识高。

9.2.4　大赛的几点反思

① 职业教育人才培养方式和行业企业的职业能力要求还存在一定的差距。各职业院校应以职业需求为导向、以实践能力培养为重点，完善应用型人才培养体系。

② 启动1＋X证书制度试点工作，深化复合型技术技能人才培养，学生既要懂"水"，又要懂"电"，拓宽渠道提升学生就业竞争力。

③ 加强职业教育基础能力建设。建设资源共享，集实践教学、社会培训、企业真实生产和社会技术服务于一体的高水平职业教育实训基地。为职业院校在校生取得职业技能等级证书和企业提升人力资源水平提供有力支撑。

④ 加强师资队伍建设，通过教学团队、名师工作室、企业轮训、国外进修、校企双向流动等多措并举打造"双师型"教师队伍。

附录

2019年全国职业院校技能大赛
中职组
"建筑设备安装与调控（给排水）"
项目竞赛任务书

ChinaSkills

2019年全国职业院校技能大赛中职组
"建筑设备安装与调控（给排水）"项目

竞赛任务书

参赛选手须知：

1.本任务书共＿＿＿页，如出现缺页、字迹不清等问题，请及时向裁判示意，申请更换。

2.参赛队应在＿4＿小时内完成任务书规定内容；技能竞赛过程中各系统生成的运行记录或程序文件必须存储至任务书指定磁盘目录及文件夹下，未存储到指定位置的运行记录或程序文件均不得分。

3.参赛队所提交的答卷用工位号标识，不得出现学校、姓名等与身份有关的信息，否则成绩无效。

4.比赛中参赛选手认定器件有故障可提出更换，但如经裁判测定完好，属选手误判时每次扣3分。

5.比赛过程中由于参赛选手人为原因造成器件损坏，不予更换器件。

场次：＿＿＿＿＿＿＿＿＿＿＿　　工位号：＿＿＿＿＿＿＿＿＿＿＿

一、竞赛设备及主要功能描述

竞赛设备以"THPWSD-1A 型给排水设备安装与调控实训装置"为载体，该装置依据实际建筑给水排水工程给水排水对象模型采用不锈钢框架进行设计，主要给水排水管道设备安装在钢架底座上、具备开放式的特点，由生活给水系统、消防给水系统、热水给水系统、卫浴系统、排水系统和控制系统六个部分组成。

生活给水系统主要由给水箱、给水泵、给水管道、压力变送器、脉冲水表、水龙头和淋浴头等组成。管路采用不锈钢复合管进行设计，可进行不锈钢复合管的切割、安装和通水试验操作，通过控制系统可实现生活给水系统的变频恒压供水功能，实现单泵变频控制或双泵切换控制等功能；通过脉冲式水表可以完成用水量的计量。

消防给水系统主要由给水箱、喷淋泵、稳压罐、湿式报警阀、压力开关、水流指示器、消防给水管道、闭式喷淋头等组成。管路采用镀锌管进行设计，可进行镀锌管的切割、套丝、安装和通水试验操作，通过控制系统可实现喷淋灭火功能。

热水给水系统主要由电加热锅炉、热水给水管道、水龙头和淋浴头等组成。管路采用 PP-R 管进行设计，可进行 PP-R 管的切割、熔接、安装和通水试验操作，可对锅炉进行温度调节控制操作。

排水系统主要由污水箱、液位传感器、排水泵、排水管道和水处理单元等组成。排水管路主要采用 PVC-U 管进行设计，可进行 PVC-U 管的切割、粘结、安装和通水试验操作，结合控制系统可实现污水箱的水位检测和排水泵的启停控制等功能。

给水排水自动控制系统主要由电气控制柜、触摸屏、操作开关、工作状态指示灯、PLC 控制器、变频器、低压电气、水泵、水表、传感器（浮球液位计、压力开关、水流指示器、信号蝶阀、压力变送器）、组态监控软件等组成。通过控制系统可实现给水排水系统的自动化控制功能。

卫浴系统主要由落地式双面结构方钢框架及卫浴系统器件、给水排水管道、管件组成，正面适于进行建筑给水排水管道安装和器件安装，反面适于进行建筑给水排水管道安装考核。

二、工作任务

任务 1. 建筑给水排水系统图绘制与材料清单编制（12 分）

1. 参赛选手根据提供的给水排水立面图和平面图（附图 1～附图 3），结合设备实物手绘完成消防喷淋给水系统图、生活给水系统图。

2. 编制材料清单

按照附图 1～附图 3，选手根据如下要求编制材料清单（**填入附表 2 材料清单，填写场次和工位号**）。

（1）编制水流指示器至末端试水阀之间管路的材料清单。

（2）编制整个热水管路的材料清单。

注意：开赛 20 分钟内完成，在图纸右下角填写场次和工位号。

任务 2. 管道加工与连接（38 分）

参照附图 1～附图 4，选手根据现场提供的管材，选择相应的管材、管件，测量实物进行切割和连接。

1.完成生活水泵出水口至洗脸盆水龙头、卫浴单元混合淋浴水龙头之间管路的加工和安装，管道连接使用不锈钢复合管，采用卡套式连接。

2.完成给水支管与延时自闭冲洗阀之间管路的加工和安装，管道连接使用不锈钢复合管，采用卡压式连接。

3.完成报警管路延迟器下侧排水管路的部分加工和安装，使用镀锌管，采用螺纹连接。

4.完成水流指示器至末端试水阀之间部分管路的加工和安装，使用镀锌管，采用螺纹连接。

5.完成整个热水锅炉出水至洗脸盆水龙头、卫浴单元混合淋浴水龙头之间管路的加工和安装，管道连接使用 PP-R 管，热熔连接，并采用橡塑海绵对洗脸盆角阀到混合淋浴水龙头之间进行保温，外部采用胶带有规律地缠绕。

6.完成洗脸盆、地漏到排水立管之间排水管路的加工和安装，管道连接使用 PVC-U 管，采用粘结方式连接。

7.按照附图 4，完成图中冷水及热水管道的安装。采用 PP-R 管，热熔连接。

任务 3.管道配件和附件的安装（10 分）

根据任务 2 完成各系统相应管路附件、阀件的安装。

配件和设备的安装应符合《建筑给水排水及采暖工程施工质量验收规范》GB 50242—2002 等相关规范规定或竞赛文件中的指定要求。

任务 4.管道试压与通水试验（12 分）

1.生活给水系统工作压力为 0.4MPa，完成生活给水系统（冷水）的水压试验，填写附表 3。

2.附图 4（升级包）给水（冷水）系统工作压力为 0.4MPa，完成给水（冷水）系统的水压试验，填写附表 3。

3.消防给水系统试验压力为 1.0MPa，完成消防给水系统的水压试验，填写附表 3。

注意：以上试验压力以加压泵上压力表为准，1 项和 3 项水压试验都合格后方可进行系统调控操作。

4.完成排水管道系统通水试验，填写附表 2。

试压应符合相关规范规定或竞赛文件中的指定要求。

任务 5.电气安装与接线（10 分）

根据赛场提供的电气原理图补充完整消防喷淋灭火控制、生活给水变频恒压控制、热水给水控制、排水控制系统部分线路的电气接线。

电气接线除应符合相关规范规定外，还必须满足如下要求：

1.连接接线端须使用管型端子（线鼻）可靠压接或搪锡。

2.接线端子必须套有号码管，号码用记号笔手写。

3.电源线续接处应用热缩管、套管等工艺用料进行保护。

4.走线应美观。

5.端子排编号参照附表1。

任务 6.系统控制与调试（13分）

1.给水排水 PLC 控制程序调试

计算机中已经存放有给水排水 PLC 控制程序（其在电脑中的存储位置为"D：\考试程序\给水排水 PLC 程序"），程序中有若干错误和不完整之处，请将错误查找出来并补充完整控制程序，使之实现正常的控制功能。

（1）喷淋灭火系统控制程序调试

喷淋灭火控制程序在自动状态下，当水流指示器和压力开关同时动作时能启动喷淋泵，并停掉生活水泵和排水泵，喷淋泵启动后只能通过程序中的总启停位进行停止，不能通过断开水流指示器或压力开关信号控制停止。

（2）生活给水控制程序调试

修改程序实现多时段不同需求压力控制水泵运行，初始设定 T1 时刻设置为12:10，压力设置为85kPa；T2 时刻设置为 12:15，压力设置为 95kPa；T3 时刻设置为12:20，压力设置为 125kPa，共 3 个时段及压力需求。

（3）自动抄表系统程序调试

自动抄表系统程序实现对水表脉冲的读取和累计，并实现用水量和用水费用的计算。要求：1）设置水表的初始计数值为 $1.0m^3$；2）设置费率为 3.2 元/m^3，并计算出用水费用，将其存储在 VD30 存储区内。

（4）喷淋灭火系统控制程序调试

喷淋灭火控制程序在自动状态下，当压力开关动作时能启动喷淋泵，并停掉生活水泵和排水泵，喷淋泵启动后只能通过程序中的总启停位进行停止，不能通过断开压力开关信号控制停止。

（5）排水系统控制程序调试

在自动状态下，排水控制程序实现以下功能：

1）可以设置 1 组时间定时启动排水泵，默认定时时间为 10:00～10:10。

2）定时时间内，如浮球液位计检测水位不在低位，则启动排水泵排水。

3）定时时间外，如浮球液位计检测水位高位报警，则排水泵启动；如浮球液位计检测水位为低位，则停止排水泵排水。

2.组态监控系统调试

计算机中已经存放有给水排水组态监控软件工程（已做好系统监控画面，但无脚本程序和动作设置，其在电脑中的存储位置为"D：\考试程序\给水排水组态监控工程"），工程中有若干错误和不完整之处，利用提供的力控组态软件进一步进行组态调试，实现以下功能：

（1）通过上位机能检测"当前工作状态""生活泵1""生活泵2""喷淋泵""污水泵""锅炉"、污水箱的"高位"和"低位"的工作状态。

（2）通过上位机能检测"信号蝶阀""压力开关""水流开关"的工作状态。

（3）通过上位机能检测"供水管道压力""水表数据"，其中"供水管道压力"要能通过曲线反映出来。

（4）在上位机上能通过"自动"和"停止"按钮控制 PLC 自动控制程序的启停。

（5）通过上位机能修改和设定"供水管道压力设定值""比例系数""积分时间"，并实现稳定的变频恒压供水控制。

（6）通过上位机能修改和设定"时段控制时间"和"时段需求压力"。

3. 故障查找与排除

控制系统中设置有 6 个故障，请在调试过程中分析故障所在的位置、现象及排除方法，将其填写到附表 4。

4. 程序保存

（1）将调试完好的组态监控软件工程文件备份后以"给水排水组态监控工程"命名；将调试完好的 PLC 程序以"给水排水 PLC 程序"命名。

（2）将上面的两个文件分别存放到计算机 D 盘"工位号"文件夹下"上位机工程"和"PLC 程序"两个子文件夹内（如 2 号工位的给水排水组态监控工程保存位置为"D:\02\上位机工程\给水排水组态监控工程"；2 号工位的 PLC 程序文件保存位置为"D:\02\PLC 程序\给水排水 PLC 程序"）。

任务 7. 职业与安全素养（5 分）

1. 职业素养是指从业者在职业活动中表现出来的综合品质，是从业者按职业岗位内在规范和要求养成的作风和行为习惯等。

2. 安全素养是指从业者须具有强烈的安全意识和安全生产的能力，养成符合该职业及其相关职业群要求的安全行为习惯等。

3. 职业素养与安全素养应该贯穿整个职业活动。

端子排编号   附表 1

| THPWSD-1A 型给排水设备端子排编号 ||||||
| 上端子排 ||| 下端子排 |||
序号	号码管	备注	序号	号码管	备注
1	24V	液位下限 24V	1	001	主电源火线
2	YWD	液位下限	2	002	主电源火线
3	24V	液位上限 24V	3	003	主电源火线
4	YWZ	液位上限	4	000	零线
5	24V	液位报警 24V	5	—	未接线
6	YWG	液位报警	6	—	未接线
7	24V	压力变送器 24V	7	—	未接线
8	YL-	压力变送器	8	—	未接线
9	24V	压力开关 24V	9	031	喷淋泵火线
10	YLK	压力开关	10	032	喷淋泵火线
11	24V	水表 24V	11	033	喷淋泵火线
12	SB1	水表	12	131	生活泵 1 火线
13	24V	信号碟阀 24V	13	132	生活泵 1 火线
14	XHD1	信号碟阀	14	133	生活泵 1 火线
15	24V	水流指示器 24V	15	231	生活泵 2 火线
16	SL1	水流指示器	16	232	生活泵 2 火线
17	24V	门铝面板输入 24V	17	233	生活泵 2 火线
18	L-SD	手动控制指示灯	18	321	锅炉火线
19	L-ZD	自动控制指示灯	19	322	锅炉火线
20	L-PL	喷淋运行指示灯	20	323	锅炉火线
21	L-SH1	生活泵 1 运行指示灯	21	000	锅炉零线
22	L-SH2	生活泵 2 运行指示灯	22	422	排水泵火线
23	L-PS	排水泵运行指示灯	23	100	排水泵零线
24	L-GL	锅炉运行指示灯	24	012	射灯火线
25	DC24V	自动信号输出 DC24V	25	000	射灯零线
26	S-PL	喷淋旋钮			
27	S-SH1	生活泵 1 旋钮			
28	S-SH2	生活泵 2 旋钮			
29	S-PS	排水泵旋钮			
30	S-GL	锅炉旋钮			
31	X1	手自动状态			
32	COM	无进线			
33	24V	门铝面板输入 24V			
34	24V	无进线			
35	24V	无进线			
36	24V	无进线			
37	COM	门铝面板灯/开关 COM		注明：上端子排上方为进线，下方为出线；下端子排上方为出线，下方为进线	
38	COM	触摸屏电源 COM			
39	COM	无进线			
40	COM	无进线			

材料清单　　　　　　　　　　　　　　　　　　附表 2

序号	材料名称	规格	单位	数量	备注
(1)单水流指示器至末端试水阀之间管路的材料清单					
1					
2					
3					
4					
5					
6					
7					
8					
9					
10					
11					
12					
13					
14					
15					
16					
17					
18					

工位号：　　　　　　　　　　裁判员：

序号	材料名称	规格	单位	数量	备注
(2)整个热水管路的材料清单					
1					
2					
3					
4					
5					
6					
7					
8					
9					
10					
11					
12					
13					
14					
15					
16					
17					
18					

工位号：　　　　　　　　　　裁判员：

质量验收表

附表 3

（1）管道（设备）水压试验记录表

竞赛小组工位号				队长			
验收执行标准 名称及编号		《建筑给水排水及采暖工程施工质量验收规范》GB 50242—2002					
管道（设备） 名称、部位 和编号	管道 材质	工作 压力 （MPa）	标准（设计要求）			实际试验	
			试验 压力 （MPa）	稳压 时间 （min）	压降 或泄漏 （MPa）	稳压 时间 （min）	压降 或泄漏 （MPa）
确认安装 检查结果	竞赛小组成员						
	裁判员：				年　　月　　日		

（2）自动喷水灭火系统试压记录

竞赛小组工位号				队长			
管段号 规格	材质	设计工 作压力 （MPa）	温度 （℃）	强度试验			
				介质	压力 （MPa）	时间 （min）	结论 意见
确认安装 检查结果	竞赛小组成员						
	裁判员：				年　　月　　日		

（3）排水管道系统通水试验记录表

竞赛小组工位号			队长	
验收执行标准 名称及编号		《建筑给水排水及采暖工程施工质量验收规范》GB 50242—2002		
管道名称	管道材质	规格	试验结果（如有渗漏或堵塞，注明部位）	
确认安装 检查结果	竞赛小组成员			
	裁判员：		年　　月　　日	

	故障记录表		附表 4
序号	故障位置	故障现象描述	故障排除方法

工位号：　　　　　　　　　裁判员：

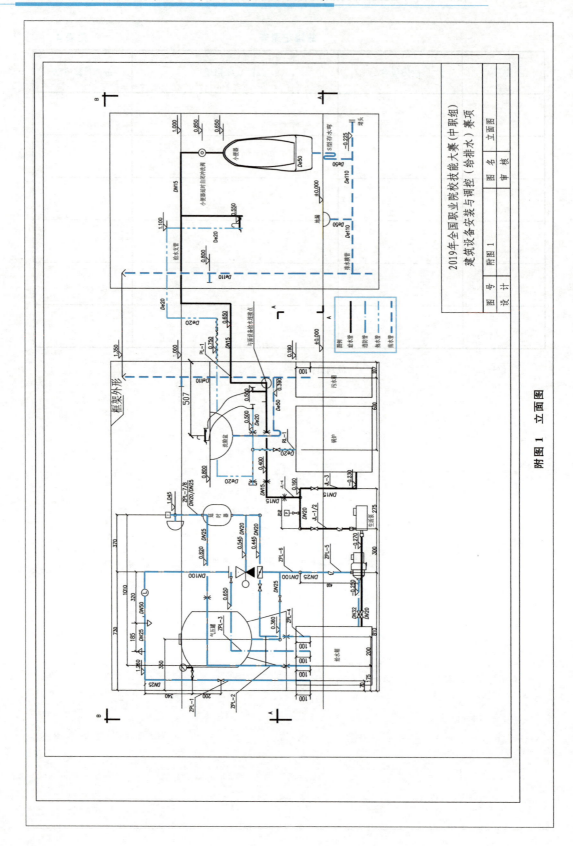

附图 1　立面图

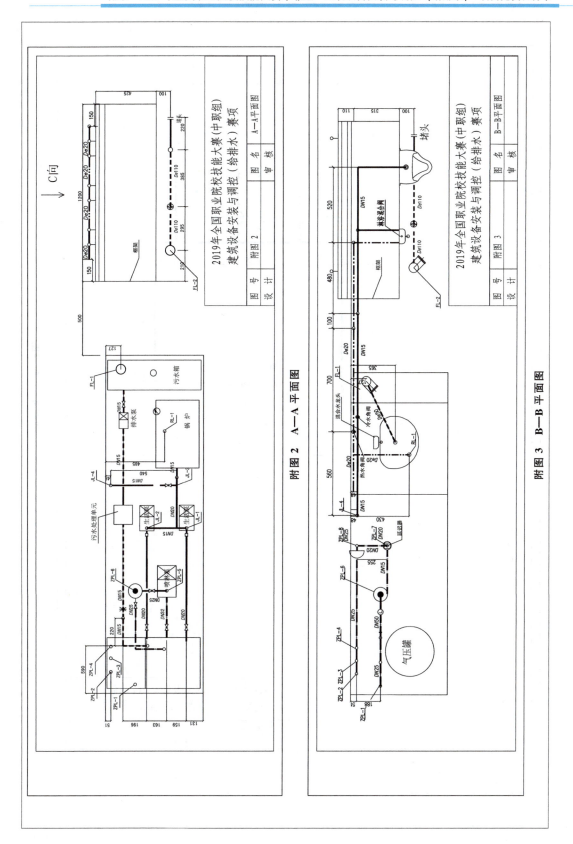

附图 2 A—A 平面图

附图 3 B—B 平面图

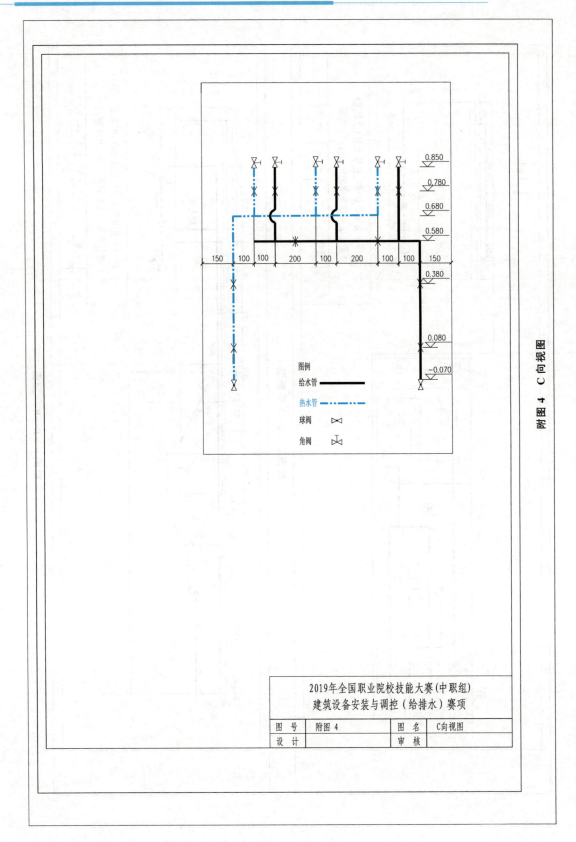

附图 4　C 向视图

2019年全国职业院校技能大赛(中职组)
建筑设备安装与调控（给排水）赛项

图　号	附图 4	图　名	C向视图
设　计		审　核	

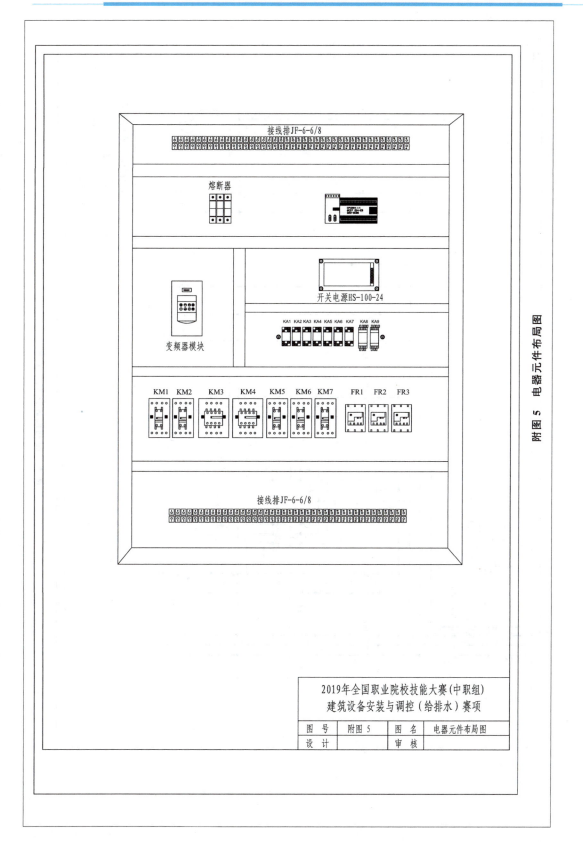

接线排JF-6-6/8

熔断器

开关电源HS-100-24

变频器模块

KA1 KA2 KA3 KA4 KA5 KA6 KA7 KA8 KA9

KM1　KM2　KM3　KM4　KM5　KM6　KM7　　FR1　FR2　FR3

接线排JF-6-6/8

附图 5　电器元件布局图

2019年全国职业院校技能大赛(中职组) 建筑设备安装与调控（给排水）赛项			
图　号	附图 5	图　名	电器元件布局图
设　计		审　核	

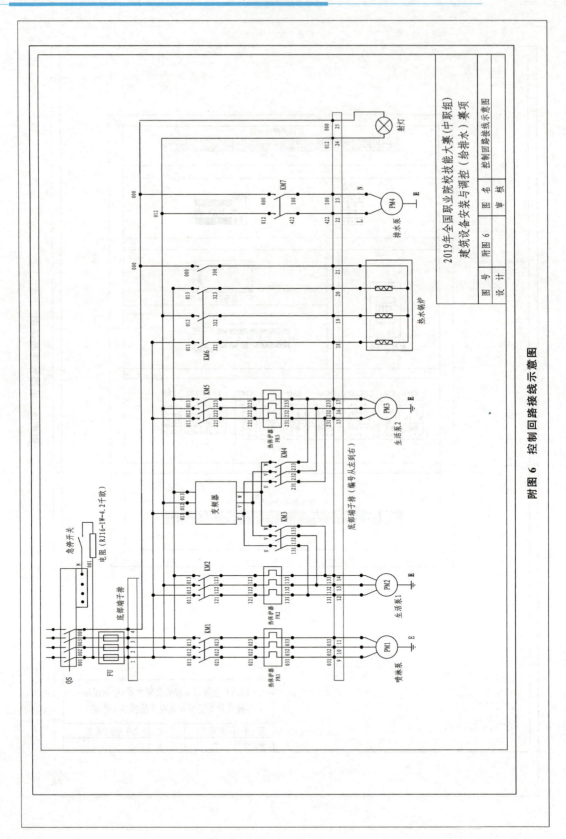

附图 6　控制回路接线示意图

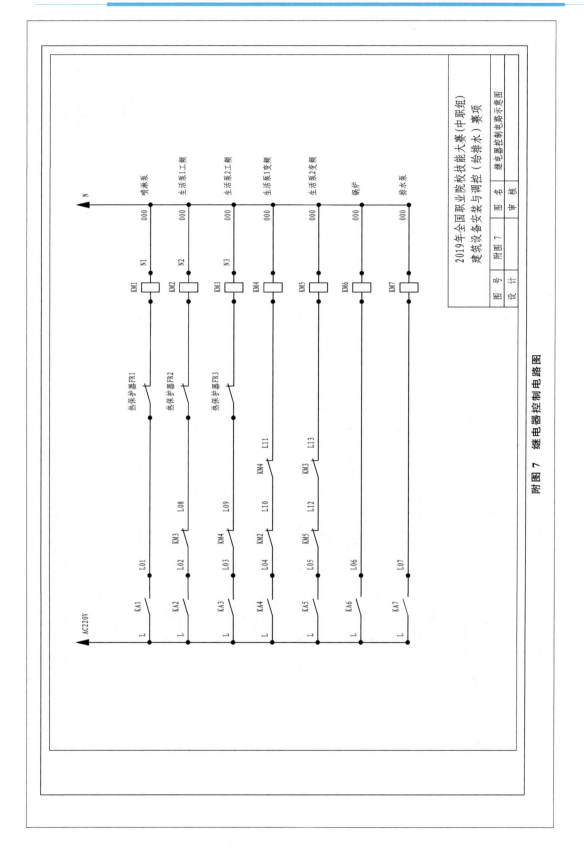

附图 7　继电器控制电路图

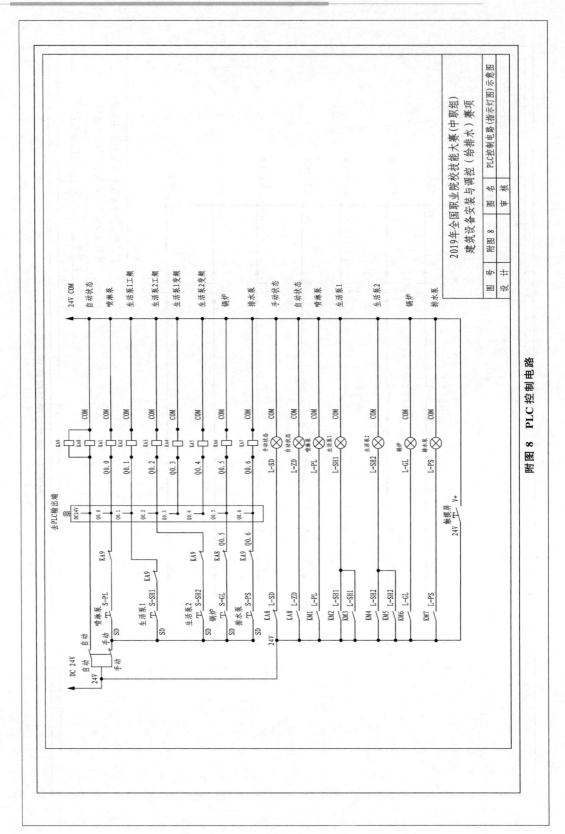

附图 8　PLC 控制电路

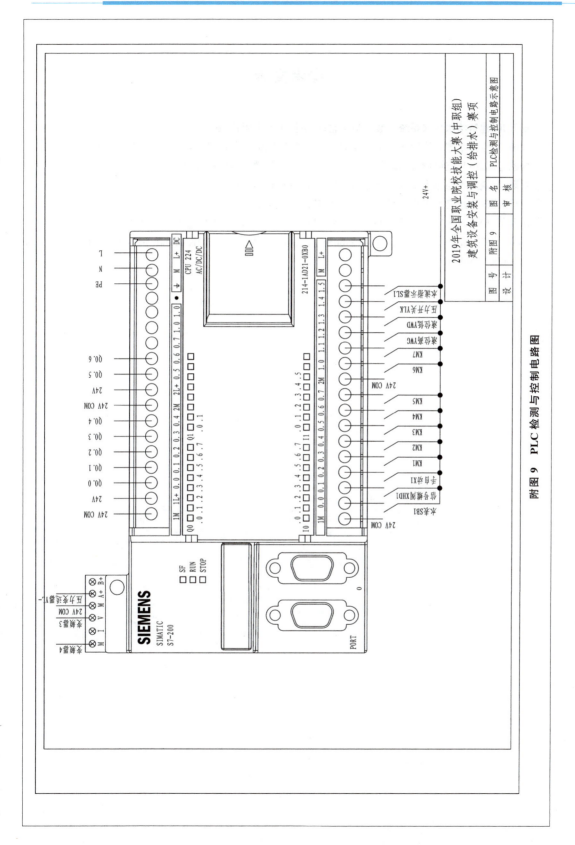

附图 9 PLC 检测与控制电路图

参考文献

［1］汤万龙. 建筑给水排水系统安装［M］. 北京：机械工业出版社，2011.

［2］杜渐. 给水排水塑料管道施工中存在的问题及纠正措施［J］. 建筑科学，2008（03）：86-88.

［3］杨象忠. 制冷与空调设备组装与调试［M］. 北京：高等教育出版社，2010.

［4］杜渐. 建筑给水与排水系统安装［M］. 北京：高等教育出版社，2006.

［5］谢兵. 建筑给水排水工程［M］. 北京：中国建筑工业出版社，2016.

［6］谢丽萍. 西门子 S7-200 系列 PLC 快速入门与实践［M］. 北京：人民邮电出版社，2010.

［7］ Hans Werner Wagenleiter. Tabellenbuch Anlagenmechaniker SHK-Handwek［M］. Handwerk und Technik-Hamburg，2015.